捕 捞

渔猎文明编委会　编著

中国大百科全书出版社

图书在版编目（CIP）数据

渔猎文明．捕捞 / 渔猎文明编委会编著．-- 北京：中国大百科全书出版社，2025. 1. -- ISBN 978-7-5202-1685-2

Ⅰ．S9-49

中国国家版本馆 CIP 数据核字第 20257AH957 号

总　策　划：刘　杭　　郭继艳
策划编辑：张会芳
责任编辑：张会芳
责任校对：梁嬿曦
责任印制：王亚青
出版发行：中国大百科全书出版社有限公司
地　　　址：北京市西城区阜成门北大街 17 号
邮政编码：100037
电　　话：010-88390811
网　　址：http://www.ecph.com.cn
印　　刷：唐山富达印务有限公司
开　　本：710mm×1000mm　1/16
印　　张：10
字　　数：100 千字
版　　次：2025 年 1 月第 1 版
印　　次：2025 年 1 月第 1 次印刷
书　　号：ISBN 978-7-5202-1685-2
定　　价：48.00 元

本书如有印装质量问题，可与出版社联系调换。

总　序

　　这是一套面向大众、根植于《中国大百科全书》第三版（以下简称百科三版）的百科通俗读物。

　　百科全书是概要记述人类一切门类知识或某一门类知识的完备的工具书。它的主要作用是供人们随时查检需要的知识和事实资料，还具有扩大读者知识视野和帮助人们系统求知的教育作用，常被誉为"没有围墙的大学"。简而言之，它是回答问题的书，是扩展知识的书。

　　中国大百科全书出版社从 1978 年起，陆续编纂出版了《中国大百科全书》第一版、第二版和第三版。这是我国科学文化建设的一项重要基础性、标志性、创新性工程，是在百年未有之大变局和中华民族伟大复兴全局的大背景下，提升我国文化软实力、提高中华文化国际影响力的一项重要举措，具有重大的现实意义和深远的历史意义。

　　百科三版的编纂工作经国务院立项，得到国家各有关部门、全国科学文化研究机构、学术团体、高等院校的大力支持，专家、学者 5 万余人参与编纂，代表了各学科最高的专业水平。专家、作者和编辑人员殚精竭虑，按照习近平总书记的要求，努力将百科三版建设成有中国特色、有国际影响力的权威知识宝库。截至 2023 年底，百科三版通过网站（www.zgbk.com）发布了 50 余万个网络版条目，并陆续出版了一批纸质版学科卷百科全书，将中国的百科全书事业推向了一个新的高度。

　　重文修武，耕读传家，是我们中国人悠久的文化传承。作为出版人，我们以传播科学文化知识为己任，希望通过出版更多优秀的出版物来落实总书记的要求——推动文化繁荣、建设中华民族现代文明，努力建设中国式现代化强国。

为了更好地向大众普及科学文化知识，我们从《中国大百科全书》第三版中选取一些条目，通过"人居环境""科学通识""地球知识""工艺美术""动物百科""植物百科""渔猎文明""交通百科"等主题结集成册，精心策划了这套大众版图书。其中每一个主题包含不同数量的分册，不仅保持条目的科学性、知识性、准确性、严谨性，而且具备趣味性、可读性，语言风格和内容深度上更适合非专业读者，希望读者在领略丰富多彩的各领域知识之时，也能了解到书中展示的科学的知识体系。

衷心希望广大读者喜爱这套丛书，并敬请对书中不足之处给予批评指正！

《中国大百科全书》编辑部

"渔猎文明"丛书序

狭义的渔业仅包括捕捞业和水产养殖业的生产活动及其产品，甚至仅指捕捞渔业；广义的渔业除包含捕捞业和水产养殖业外，还包含加工、贮藏、流通等在内的第二产业和第三产业成分。渔业的发展不仅为人类提供大量优质的动物蛋白质和脂肪源，改善人类食物结构，也为解决人口日益增长对食物的需求起到了重要作用，还促进了社会就业和经济发展，与国计民生有着重要关系。

《中国大百科全书》第三版中渔业是其中一个一级学科，从广义渔业的角度荟萃中外渔猎文明及学科最新研究成果，是一部立足中国、放眼世界的中国首部渔业综合性百科全书。为更广泛地传播学科知识，我们策划了"渔猎文明"丛书，从渔业学科中精选内容分编为《捕捞》《淡水养殖》《海水养殖》《加工》四个分册。

渔业历史悠久，可追溯到远古的渔猎时期。古籍记载和考古出土的文物都证明了在长达几十万年乃至上百万年的岁月中，渔猎是原始社会人类获取鱼、贝等重要食物的主要手段。随着捕捞工具的发展和渔场的发现，渔业作业方式即渔法也随之发展，《捕捞》分册主要从渔船、渔法和渔场三个方面介绍了渔猎文明之捕捞。

世界上几个文明古国都有悠久的养鱼历史，中国是世界公认的水产养殖的摇篮。在河南贾湖遗址出土的鲤骨骼证明，在约6000年前中国已开始了水产养殖活动，这也是人类最早进行水产养殖的记录。中华人民共和国成立后，中国水产养殖业发展迅速，且在"以养殖为主"的发展过程中，中国人民结合以往积累的经验走出了适合国情特点的水产养殖发展之路，形成了具有中国特色的水产养殖种类结构。《淡水养殖》《海水养殖》分册按水域分别介绍了渔猎文明之淡水养殖和海水养殖的技术。

　　早在原始社会渔猎生活时期，人类就学会了利用低温、光照、风力等自然条件和火上熏烤等方法储藏多余的猎物，并在人们的长期食用过程中，逐步发展起了多种加工方法，加工出多种风味的水产品。《加工》分册主要从水产品加工品、加工技术及保藏三个方面介绍了古今中外水产品加工领域的知识。

　　希望这套丛书能够让读者更多地了解和认识古老而又年轻的渔猎文明，起到传播渔业科学知识的作用。

渔猎文明丛书编委会

目　录

第 3 章 渔场 143

第1章

渔船

渔船是捕捞作业船和渔业辅助船等渔业船舶的统称。

◆ 沿革

人类社会的生产活动是从捕鱼狩猎起源的。原始社会起初是徒手抓鱼，接着是以石器、木棒砍鱼。新石器时代出现了渔船雏形——独木舟。中国是世界上制造渔船较早的国家。浙江河姆渡文化遗址出土了大量鱼类骨骸和数只制作精美的木质船桨。夏商周时期（前 2146 ～前 221）完善了渔网（称网罟）捕鱼技巧。秦汉（前 221 ～公元 220）时期出现了简单的捕鱼机械，渔船渐多。唐宋时期（618 ～ 1279）造船业发展促进了渔业。宋代（960 ～ 1279）的《并舟举网图》显示出渔民已能运用两舟并一以提高捕捞作业的稳性。至明代（1368 ～ 1644），不仅有"二十人同舟顿网于海"的大型渔船，而且还有了下网船、牵风船、紧钓船、罾船、哈船等多种类型的渔船。

在中国历史上，除有名的福船、广船、鸟船、沙船等古船型用于渔业生产外，还出现过巷船、白艚、罛船等渔船船型。中国传统的风帆渔船以其耐波性佳、稳性好、结构牢、操作方便等优点，直至 20 世纪 80 年代仍在沿用。20 世纪初，中国引进了机动渔船。1905 年，单拖渔船"福海"号开始采用蒸汽机为动力。1921年，双拖渔船"贵海"号和"富海"号开始以内燃机为动力。20世纪30年代至40年代，已有一定数量的舷拖渔船、双拖渔船和围网渔船。50年代中期，开始了风帆渔船的机动化，并着手自行设计制造机动钢壳渔船。70年代开始建造灯诱围网渔船。80年代推广应用尾滑道冷冻拖网渔船，并组建渔船队进行远洋捕捞作业。80年代中期以后，各种类型渔船迅猛发展。至2015年底，中国机动渔船数量达67万余艘（其中海洋渔船近27万余艘），占世界渔船总数的一半以上；100总吨以上较大型渔船达3万余艘，占世界同类渔船总数的1/3以上。自2016年以来，中国开始加强渔船渔具管理，积极开展海洋捕捞渔民减船转产与渔船更新改造。至2020年底，中国"双控"管理的国内海洋捕捞机动渔船共11.7万艘，较2015年底减少了4.4万艘。

欧洲在公元8世纪就已在海上大量捕捞和运输鲱，当时世界上有万艘捕鲱渔船。14世纪中叶，出现长30米的三桅延绳钓和流刺网渔船。19世纪初，出现了底层桁杆拖网渔船。法国于1865年开始使用以蒸汽机为动力的单拖渔船。1918年前后，日本首先使用柴油机为动力的双拖渔船，由此促进了渔船的迅速发展。20世纪50年代，出现了尾滑道冷冻加工渔船，开创了在海上捕捞、加工、冷冻渔获物的新时代。随着冷藏加工技术的提高、续航力的增长和网具的加大，渔船趋向大型化。20世纪70年代以后，由于燃油价格上涨，促进了中型节能型渔船的发展。

◆ **类别**

渔船有不同的分类方法。①按作业水域分为海洋渔船和淡水渔船。

海洋渔船又分为沿岸、近海和远洋渔船。②按船体材料分为木质、钢质、玻璃钢质、铝合金、钢丝网水泥渔船，以及各种混合结构渔船。③按推进方式分为机动、机帆、风帆、人力渔船。④按渔船所担负的任务可分为捕捞渔船和渔业辅助船两大类。

◆ **特点**

渔船的特点有：①多数捕捞渔船尺度较小，为适应高效捕捞和抵御风浪，要求具有良好的布置、稳性、适航性、设备配置和结构强度。②渔船相对航速较快，配置的主机功率相对较大。渔船推进系统随船的种类而异。除少数渔船采用电力推进外，绝大多数中小型渔船均以柴油机为推进主机。③捕捞渔船除配置一般船用设备外，还需配备渔船专用捕捞机械、保鲜设备、助渔导航设备，鱼舱要求有良好的隔热性。较大型渔船还配有加工设备以便在海上直接加工渔获物。④除捕捞渔船直接从事生产外，还配备渔业辅助船完成有关配合任务。如渔业基地船、渔业加工冷冻冷藏运输船；以及非生产性渔业辅助船，如渔政船、资源调查船等。

《联合国海洋法公约》于 1982 年生效，此后 200 海里专属经济区制度在世界范围内广泛实施，渔业竞争更加剧烈。20 世纪 80 年代以后，渔船数量急剧膨胀、捕捞强度持续增大，造成渔业资源严重衰减。为缓解压力，欧洲共同体（今欧盟）自 1983 年开始实行共同渔业政策并不断调整，采取限制船数、尺度或吨位、主机功率、网具和网目尺寸、捕捞配额的多重措施；中国自 1987 年开始对捕捞渔船采取控制船数和主机功率的双控措施；非洲国家也有类似的控制船数、吨位及功率的做法。

为使渔业生产在环境、资源、经济和社会等方面做到可持续发展，世界各国有关渔船限制措施仍将长期实施下去并日趋严厉，故渔船规模在经历 20 世纪后期的大发展后逐步趋于缩减。

捕捞作业渔船

捕捞作业渔船是从事捕捞、采收和自捕捞至加工鱼虾贝藻等水生动植物作业的渔船。

◆ 沿革

17 世纪，中国就有了"牵风"等船型的风帆拖网渔船记录。1912 年，中国自行建成第一艘钢质舷拖渔船；19 世纪 50 年代初自行设计建造 185 千瓦拖网渔船，70 年代开始批量建造尾滑道拖网渔船，80 年代后大批建造各种类型的渔船。欧洲在公元 8 世纪就已在海上出现大量捕鲱渔船，法国从 1865 年开始使用蒸汽机驱动渔船，日本在 1918 年造出柴油驱动渔船。20 世纪 50 年代，英国研制成尾滑道拖网加工渔船，开创了在海上捕捞、加工、冷冻渔获物的新时代。随着冷藏加工技术的提高、续航力的增长、探捕技术的进步和网具的加大，大型捕捞渔船的发展步入辉煌时期。

◆ 类别

捕捞作业渔船按船体结构型式，分为无甲板渔船、单甲板渔船、双甲板渔船、多甲板渔船；按渔法和任务来划分，数量最多的种类主要是拖网渔船、围网渔船、钓捕渔船（如鱿钓渔船、延绳钓渔船）、流网渔船（如流刺网渔船），其他的有定置网渔船、多种作业渔船、舷提网渔船、捕鲸船、大型捕捞加工渔船（如南极磷虾捕捞加工船）等。

拖网渔船

拖网渔船是用拖曳网具开展捕捞作业的渔船。是捕捞渔船的一种主要类型。

◆ **沿革**

中国于 1905 年由张謇从德国引进了第一艘机动拖网渔船"福海"号；1912 年，自行建造了第一艘钢质舷拖渔船；20 世纪 50 年代初，在自行设计建造 185 千瓦拖网渔船的同时，将部分风帆渔船加装柴油机改进为机帆拖网渔船；70 年代，开始成批建造尾滑道拖网渔船；80 年代后，大批建造尾滑道型、圆尾型等各种样式的拖网渔船。

◆ **特点**

相较于其他渔船，拖网渔船的特点主要体现在以下 6 个方面。

拖力大。小型拖网渔船拖力一般小于 100 千牛，大型拖网渔船拖力可超过 300 千牛。拖网航速一般为 3～6 海里 / 时，自由航速通常为 10～14 海里 / 时。

主机功率大。由于拖网时需要很大的拖力，同时往返和转移渔场时也需要较高的航速，拖网和快速转场时通常要开足主机，燃油消耗量大，故拖网渔船燃油储备量较大。一般小型拖网渔船长 45 米，主机功率 1000 千瓦以下；中型拖网渔船长 60 米，主机功率 1500 千瓦左右；大型拖网渔船长 90～145 米，主机功率 0.5 万～1.4 万千瓦。拖网渔船主机功率配置一般为每总吨 1.5～3 千瓦，通常采用大速比的减速齿轮箱。现代拖网渔船多用主机来提供捕捞机械和发电机的动力，以减少额外开机的能源消耗和维护费用。为解决航行和拖网不同工况时主机转速、功率和扭矩的不同需求，常采用双速比或多级齿轮箱、可调螺距螺旋桨。

螺旋桨直径大。一般情况下，螺旋桨直径大、转速低则拖力大、效率高，故拖网渔船通常采用大直径、低转速的螺旋桨，并普遍配装导流管，也有采用可调螺距螺旋桨，以便进一步提高推力。为保证大直径螺旋桨的安装并使之不发生出水现象，拖网渔船要求有较大的尾纵倾和尾框架，许多船通过加装船底立龙骨，以加大尾框高度。

船体框架结构总强度高。拖网时常遇到复杂工况，且在有风浪天气作业时曳纲还会加大船体内应力，所以拖网渔船有很强的船体框架结构。上层建筑宜紧凑，既减少受风面、增强抗风力，又增大操作区域面积。相对来说，拖网渔船稳性比围网渔船容易控制。

作业甲板宽敞。拖网渔船要求有宽敞的作业甲板，便于布置曳纲绞机等机械设备、起放网操作、堆放和调整网具、处理渔获物。渔捞甲板位置随舷拖、尾拖等作业方法而异，着眼点都在于方便起放网操作，尽量缩短操作时间。捕捞到的渔获物储藏在船上冷冻冷藏舱中。现代渔船一般机舱都布置在鱼舱后面，使轴系不穿过鱼舱，既增加鱼舱容积，又利于鱼舱保温。

渔船专用仪器设备齐全。除雷达、全球定位系统、无线电等一般船用通信、导航仪器外，还配备渔船专用助渔仪器、捕捞机械、保鲜设备。拖网渔船配有一至数台彩色垂直探鱼仪等助渔仪器，兼作中层拖网的渔船上还装有彩色水平扫描声呐；大中型拖网渔船上还配有网位仪，及时掌握拖网深度、高度、网口大小、进鱼情况和水温等，以便及时调整网具，提高捕捞效率。捕捞机械主要配有绞

拖网渔船"ALBAMAR"号

纲机和起网机。大中型拖网渔船大多在船上加工、冻结渔获物并冷冻贮藏，较大型船还配有鱼品加工成套设备。

◆ **类别**

拖网渔船按作业形式一般分为：①双拖渔船。作业时两船平行合拖一顶拖网。②单拖渔船。作业时一艘船拖一顶网。单拖渔船按船上拖曳网具纲绳部位的不同又可分为尾拖、舷拖和桁拖渔船。③兼作渔船。以拖网作业为主，兼作围网、流刺网、钓捕等作业的渔船，可根据渔场资源情况随时调换网具作业，以增加产量。

此外，也可按船的大小分为大、中、小型拖网渔船，按拖网水层可分为底拖网渔船和中层拖网渔船，按作业海域可分为近海拖网渔船和远洋拖网渔船，按功能可分为拖网加工船和拖网冷冻船。拖网渔船可以捕捞鳕类、鲽类、鲷类、虾类，以及黄鱼、带鱼等多种鱼类。

◆ **发展**

未来拖网渔船主要朝以下4个方向发展。①更加重视环境和资源保护。发展远洋深水拖网渔船是趋势之一。②新材料、新工艺、新技术不断应用在拖网渔船上。③注重节能和排放。④注重提高作业效率。

围网渔船

围网渔船是用围网捕捞鱼类的一种渔船。是捕捞作业渔船的一种主要类型。

◆ 沿革

中国是较早从事围网渔船作业的国家之一。17 世纪的明代就有关于围网渔船作业的记述，沿海的大捕型、大围缯型渔船即为双船有囊围网渔船。中国尾部起网机动围网渔船于 1946 年自美国引进。50 年代，建造了不少机帆围网渔船。20 世纪 70 年代，有了一批灯诱围网船组。

1837 年，美国首先使用机动双船围网渔船。1912 年后，欧洲开始建造单船围网渔船。1945 年后，日本开始建造灯诱围网渔船。50 年代后期，美国和日本开始建造金枪鱼围网渔船。80 年代前后，围网渔船尺度递增达到上限，一般单船舷侧起网围网渔船由以往的 350 ~ 700 总吨增大至 1000 总吨以上，金枪鱼围网渔船从 500 总吨发展到 1100 总吨以上，有的甚至超过 2000 总吨；船长从 40 ~ 50 米发展到 70 ~ 80 米；主机功率从 700 千瓦增大至 5000 千瓦左右。

◆ 特点

围网渔船具有以下 5 个特点。

航速快。在不同作业类型渔船中，围网渔船航速相对较快，多数在 12 节左右，高的则达 15 ~ 18 节，以便围捕游速较快的中上层鱼类。航速快使得主机功率大、油耗高。除金枪鱼围网渔船和少量大型围网船以外，一般尺度为船长 20 ~ 50 米，主机功率 400 ~ 1500 千瓦，航速

11 ～ 13 节；多数 500 总吨以下，船长 40 米左右。

机动性好。一般船身较短，回转半径小，主机能频繁倒顺车和变速，以适应起放网时经常调整网形和船位，追捕鱼群时能迅速合拢包围。许多船在首、尾部设有侧推装置提高回转性，能使船横向移动，便于起鱼时调整网形，避免船体受横风漂入网圈。

稳性严苛。围网渔船使用的网具既大又重，一般中、大型围网船的网具重 20 ～ 30 吨，甲板机械和设备数量多、重量大，这些均大幅提高了船的重心；有的船起网时悬挂动力滑车，着力点高、受风面积大、附加倾侧力矩大，容易导致船舶横倾和横摇，故船体要求有很高的稳性储备、牢靠的结构强度和刚度、良好的抗风浪性能。部分渔船设有减摇鳍装置，以便减轻横摇。

作业甲板宽敞。围网渔船要求有宽敞的作业甲板，便于布置众多的捕捞机械、堆放网具、起放网操作和处理渔获物。渔捞甲板和捕捞机械的布置依船楼布置位置而异，重点考虑便于堆放网具、起放网操作、渔获物处理、缩短操作时间。干舷一般较低，便于起放网操作。

机械化程度高，渔船专用仪器设备齐全。在不同作业类型的渔船中，围网渔船甲板设备相对复杂。围网作业操作繁重，一般中、大型围网网次产量 50 ～ 100 吨，最多可达 1000 ～ 2500 吨。船上配备有雷达、全球定位系统、无线电等一般船用通信导航设备，同时还配备如括纲绞机、跑纲绞机、动力滑车、理网机等在内的 10 多台大功率捕捞机械，以及探鱼仪、彩色水平扫描声呐、吸鱼泵等，有的还配有网情仪用于在作业过程中监测围网网形和沉降速度。捕捞机械一般集中控制，可在驾驶室遥控。桅杆高处设有观察鱼群的瞭望台。

◆ **分类**

围网渔船按尺度可分为大、中、小型。500 总吨以上为大型，小于 150 总吨为小型，其间为中小型、中型或中大型。

按围捕方式可分为单船围网渔船和双船围网渔船两大类。单船围网渔船由一艘船使用围网进行捕捞作业，也有配套一至数艘灯船或小艇协助围捕。单船围网渔船按起放网方式可分为舷侧起网围网渔船和尾部起网围网渔船两种。

舷侧起网围网渔船。船长 20 ～ 50 米，主机功率 400 ～ 1500 千瓦，航速 11 ～ 13 节，以船长 40 米左右居多，多为单甲板，中、大型的也有双甲板。甲板室和驾驶室多数在船的中部或偏前，也有长首楼、机舱在中部或尾部，鱼舱在机舱前面或后面。渔捞甲板分设在甲板室前后，楼室后部设主桅。后甲板设网台、送网滑槽和理网机等设备，用于理网和放网作业。前甲板设括纲绞机、起网机绞收括纲，在舷侧收绞网衣和起鱼。捕捞机械一般集中控制。

尾部起网围网渔船。一般船长 25 ～ 40 米，主机功率 250 ～ 1200 千瓦，航速 10 ～ 13 节。甲板室和驾驶室在船的中前部，上层建筑多为长首楼形式，小型船中前机型居多，主桅通常设在楼室后部，兼作起重吊杆承柱，大船的大桅顶部有瞭望台，内装高倍望远镜、通信电

金枪鱼围网渔船

话和操控设备等。楼室后方为主要渔捞甲板。船上配备各种捕捞机械和探鱼仪、网情仪等。绞纲在中前部进行，起放网大部在船尾操作，尾部设网台，布置起网机和理网机，有的船起网动力滑车悬挂在悬臂吊架或起重吊杆上。

双船围网渔船是两艘性能相同的渔船用一项围网协同包围鱼群进行生产，大多在沿海作业，船小、功率小、航速慢、设备简单，总的使用较少。灯诱围网作业常由一艘网船和一至数艘灯船协同进行，有时也辅以若干艘运输船。有些灯诱围网作业不配备灯船，灯诱和围捕由单一网船或网船配小艇完成。

◆ **发展**

围网渔船的发展方向有：①船型尺度变化趋于稳定，捕捞配额受到严格限制。②注重节能减排和新材料、新工艺。③注重提高作业效率。④应用先进的仪器设备探鱼、助渔和助航。

第 2 章

渔法

刺网捕捞

刺网捕捞是指用若干单层、双层或多层矩形网片连接成网列，垂放于鱼类等通道的水域中，让鱼类等水产经济动物刺挂在网目上或被网衣缠络的捕捞作业方式。

刺网捕捞对象十分广泛，海洋中主要有石首鱼类、鳓鱼、马鲛、鲳鱼、鲑鳟、沙丁鱼、金枪鱼、鲷、鳕鱼、鲨、鳐、拟庸鲽、高眼鲽、鱿鱼、海蜇及虾蟹等，内陆水域主要有青鱼、草鱼、鲤、鲫、鲢、鳙、鲌、银鱼、凤鲚和刀鲚等。

◆ 简史

刺网捕鱼历史悠久。公元前 13 世纪，埃及拉美西斯二世时期，希伯来人和阿拉伯人就已经使用刺网捕鱼。中国宋代（960～1279）就已使用定置刺网捕捞马鲛鱼等，并使用专用名词"帘"称之。中国明末清初诗人屈大均的《广东新语》（1700）卷十八舟语，描述了中国南海渔民用"摆帘网船"捕捞马鲛、鲳鱼、鲥、龙虾等。

◆ **渔具**

刺网一般是由若干矩形网衣横向连接成的长带状渔具,上纲、下纲分别配置浮子、沉子,使网衣在水中垂直张开。刺网渔具按结构可分为单片刺网、双重刺网、三重刺网、无下纲(散腿)刺网、框格刺网和混合刺网 6 种类型。单片刺网由单片网衣、上纲和下纲构成。双重刺网由两片不同网目尺寸网衣重合构成。三重刺网由两片较大网目网衣,中间夹入一片较小网目网衣重合构成。无下纲刺网仅由单片网衣上端装有上纲,下端不装下纲。框格刺网由细绳做成的两层框格、中间夹入单片较小网目网衣构成。混合刺网是整顶网具从上到下由两种及以上不同大小网目的单片网衣构成。

◆ **渔船**

内陆、沿岸和近海刺网捕捞作业渔船较小,有的使用独木舟、无甲板小型渔船和小型风帆渔船,起放网全手工操作。20 世纪 50 年代,苏联的刺网渔船已采用机械化作业,日本鲑鳟刺网捕捞已采用 5000 ~ 10000 吨级的大型加工母船携带 30 ~ 50 艘 95 吨级独航船(即刺网子船)进行捕捞作业,渔获物交母船加工。60 年代起,中国沿海的刺网捕捞作业也逐步替换成机动渔船,并开始了机械化操作;到 70 年代,刺网捕捞渔船基本已实现动力化,并采用机械化操作。

◆ **渔场**

刺网捕捞广泛应用于世界各国的内陆水域和海洋中。海洋大型刺网作业主要有北太平洋的鲑鳟和鱿鱼刺网作业、北大西洋的北海鲱鱼和东南太平洋的鱿鱼刺网作业等。中国内陆水域和沿海均有刺网捕捞作业。

◆ **渔法**

刺网捕捞原理是以鱼类等水产经济动物刺挂在网目或被网衣缠络而达到捕捞目的。为此，刺网捕捞可分为刺挂网目和网衣缠络两种方式。刺挂网目的捕捞作业方式根据鱼类习性也可分为两种：①某些鱼类刺入网目后即后退，使得鱼鳃盖卡在网目上，无法脱逃。典型捕捞有鳓鱼刺网捕捞、马鲛刺网捕捞，此类刺网网目大小取决于该鱼类鳃盖处鱼体周长。②某些鱼类刺入网目后仍向前游动而卡在网目上。典型捕捞作业有鲳鱼刺网捕捞，此类刺网网目大小取决于该鱼类最宽处鱼体周长。由此，刺挂型刺网网目大小对所捕的鱼类具有明显的捕捞选择性。采用网衣缠络的捕捞作业方式，主要是因为虾蟹类、鱿鱼等触及刺网后挣扎，其触手、须或足被网衣缠络，无法脱逃。

刺网捕捞作业方式可分为以下 4 种。①漂流刺网捕捞。简称流刺网捕捞、流网捕捞。漂流刺网捕捞是刺网捕捞中广泛采用的作业方式之一。作业时，网具可设在相应的水层中，随风或流漂移，要求渔场水域比较开阔，多用于海洋和入海河口水域。②定置刺网捕捞。使用也较广泛，是利用插杆、打桩、抛锚或抛碇等将刺网渔具固定在相应的水层或底层进行捕捞的作业方式。前者多用于近岸浅水和内陆水域，后者适于水较深或流急的渔场。按固定方式，可分为两端固定和一端固定，前者适用于往复流水域，后者适用于回转流水域。③围刺网捕捞。用刺网包围鱼群，并

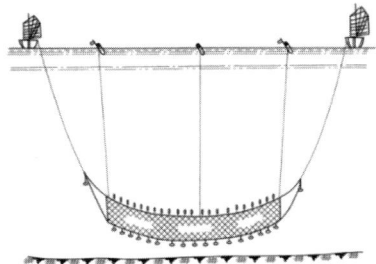

拖刺网捕捞作业示意图

辅以击水或其他方法，使鱼群受惊逃窜被刺挂在网衣上的一种捕捞作业方式。多用于江河、湖泊等内陆水域以及近海浅水区域。中国广东沿海和土耳其、西非、南亚等地区都有该作业方式。④拖刺网捕捞。由两个人或两艘渔船分别牵引刺网的两端逆流前进，使鱼类被刺挂在网衣上的一种捕捞作业方式。包括中国在内的多个国家都有拖刺网捕捞作业方式。在中国，广东沿海和长江流域有该作业方式。

◆ 评价

刺网捕捞的渔具结构简单，操作相对比较简单。无论是漂流还是定置作业过程中，刺网捕捞渔船动力耗油量相对较低；刺挂网目捕鱼的刺网作业具有明显的选择性，依此调整网目大小，可防止捕捞幼鱼等，有利于保护渔业资源。但缠绕性刺网选择性差，有损资源。拖、围刺网捕捞效率较低，正被逐步淘汰。

刺网捕捞的主要缺点：一是摘取渔获物的劳动量较大；二是在多种渔具作业的渔场中，容易与其他渔具纠缠而影响生产，甚至损害渔业资源。尤其是大洋和公海海域使用的大型中上层流刺网，其网列长度可达 50 千米，各网列前后间距过密，造成鱼群无法逃逸。作业时丢失的流刺网，人们虽未取得渔获物，但实质上仍在水中漂流进行捕鱼，国际上被称为"幽灵捕捞"（ghost fishing），严重损害渔业资源。为此，联合国大会先后于 1989 年、1990 年、1991 年通过 44/225、45/197、46/215 号 3 个决议，决定从 1993 年 1 月 1 日起，在各大洋和公海海域，包括闭海和半闭海，全面禁止大型流刺网作业，包括北太平洋的鱿鱼流网作业。之后，联合国大会持续多年做出决议，敦促各国监督实施。为此，中国政府和美国政府在北太平洋海域合作打击大型中上层流刺网作业，并于 1993 年签订专门协议，双方每年都派出执法船在该海域巡视执法。

梭子蟹刺网捕捞

梭子蟹刺网捕捞是指由渔船系带若干网片连接成的网列，随风、流漂移，梭子蟹触到垂于水中拦截的刺网网片后被缠络于网上的刺网捕捞方式。

◆ 简史

梭子蟹刺网捕捞历史悠久。明代残本《渔书》记载，捕蟹的刺网比捕虾的刺网网目大。清代沈同芳《渔业历史》记载，"蟹船白露出洋，立冬回洋。亦用重网法，随潮流行。其网式、捕法、洋面等概与米鱼船相同，唯网线较细，网眼较大"。《苍南县渔业志》记载，明代嘉靖三十四年（1555），朝廷就在炎亭屯扎人员，捕蟹专供御用。清代光绪二十四年（1898），大渔镇渔岙村渔民项子志开始用六指流刺网专捕梭子蟹。另据《玉环文史资料·16 辑》记载，清代顺治（1644 ～ 1661）年间，温州永嘉场渔民移居灵门开始，传统渔具就有梭子蟹流网，冬汛流蟹。《平潭县志》记载，明代万历（1573 ～ 1620）年间，澳前斗垣村已从事蟹作业。中国梭子蟹流网 20 世纪 60 年代后受到其他高产作业方式的影响曾一度衰落；至 70 年代后期，随着小型机动船的发展，梭子蟹流网得到迅速发展，此后，441 千瓦的大型机动渔船等也开始从事该作业。1980 年前后，出现了梭子蟹定置单片刺网作业方式。2000 年前后，梭子蟹三重刺网大量发展，有取代单片刺网的趋势。

◆ **渔具**

梭子蟹刺网捕捞的渔具有单片和三重两种，主要采用单片网衣，也曾使用过三重网衣。单片网衣用直径 0.20 ～ 0.30 毫米的锦纶单丝双死结编结，目长 140 ～ 160 毫米。每片网装配长度各地不同，一般为 16 ～ 20 米，横向缩结系数 0.340 ～ 0.375，网高 2.5 ～ 3.5 米。沉力大于浮力。

◆ **渔船**

梭子蟹刺网捕捞渔船 10 ～ 300 总吨，主机功率 14.7 ～ 882 千瓦，配备绞纲机、流网起网机等。渔船携带网片数量视渔船大小和配置的起网设备而定。渔船吨位大，有机械起网设备的，携带网片可达 1500 片。

◆ **渔场**

中国沿海都有梭子蟹流网捕捞。黄渤海和东海区主要分布于山东、江苏、浙江、福建等沿海，捕捞三疣梭子蟹为主，南海区主要捕捞红星梭子蟹。韩国和泰国也有该种捕捞作业方式。

◆ **渔法**

梭子蟹刺网捕捞按作业方式可分为漂流梭子蟹刺网和定置梭子蟹刺网两种。放网一般在涨潮平潮缓流时进行，在左舷以顺风或偏风横流顺次投放网具，每隔一定距离设一浮标，以示网位。放网毕，将带网纲系于船首。随流漂移 5 小时左右起网，亦应左舷受风或顶流边绞收网具边摘取渔获物。渔期分春夏和秋冬两汛，中国浙江沿海梭子蟹流网春夏汛为 3 月中旬至 6 月下旬，5 月至 6 月为盛渔期；秋冬汛为 7 月下旬至翌年 2 月。浙江北部和南部渔场的盛渔期分别为 9 月上旬至 11 月上旬和 11 月至 1 月。自梭子蟹禁渔期实施以来，渔期为每年的开捕日至翌年 3 月。

◆ **评价**

梭子蟹刺网捕捞经济效益良好，兼捕渔获少，但不能忽视资源的繁殖保护，要科学合理利用，严格遵守有关禁渔期的规定，禁止捕捞抱卵亲蟹及幼蟹。

海蜇刺网捕捞

海蜇刺网捕捞是指利用水流对海蜇漂流的冲力，使海蜇缠络在刺网网片上的刺网捕捞方式。

◆ **简史**

中国捕捞海蜇历史悠久，但确切起源难以考证。浙江舟山沿海历史上就有稻草绳编织的海蜇网，俗称"新绠"。20 世纪 60 ～ 70 年代以前，多用张网、抄网捕捞海蜇；60 ～ 70 年代，中国山东和辽宁沿海开始采用定置单片刺网捕捞海蜇；80 年代，河北省和山东莱州渔民改用漂流三重刺网捕捞海蜇；90 年代中期，在江苏和浙江沿海亦普遍采用漂流三重刺网捕捞海蜇；2000 年前后，刺网捕捞成为中国黄渤海区和东海北部沿海捕捞海蜇的主要方式。

◆ **渔具**

海蜇刺网捕捞的渔具有单片刺网和三重刺网。2000 年以后，以三重刺网为主，网具结构各地差别较大，黄渤海区较为典型的有山东昌邑、海阳和河北丰南的三重漂流海蜇刺网。其中，山东昌邑海蜇三重流刺网的主尺度为 34.50 米 ×8.20 米，纵目使用，242.55 千瓦渔船带网 300

片；东海阳海蜇三重流刺网的主尺度为 85.00 米 ×13.00 米，横目使用，8.82 千瓦渔船带网 25 片；河北丰南海蜇三重流刺网的主尺度为 51.76 米 ×7.70 米，纵目使用，88.2 千瓦渔船带网 200 片。

◆ **渔船**

海蜇刺网捕捞作业渔船木质或钢质都有，中国渤海区以木质渔船较多。海蜇刺网捕捞作业渔船大小差别较大，主机功率 8.82 ～ 294 千瓦、110.25 ～ 257.25 千瓦的船数较多。黄海南部沿海海蜇刺网捕捞作业渔船船型较小，船员 2 ～ 3 人，带网几片到十几片；渤海区渔船较大，船员 7 ～ 8 人，带网 200 ～ 600 片。

◆ **渔场**

中国辽宁、河北、山东、江苏、浙江和福建等省沿海均有海蜇刺网捕捞作业，主要在渤海海域及黄海、东海的沿海水深 10 ～ 50 米的水域。渤海渔期为 7 月中旬至 8 月初。

◆ **渔法**

海蜇刺网按作业方式可分为漂流海蜇刺网和定置海蜇刺网，较多的是漂流三重海蜇刺网，并主要在中上层水域作业。海蜇流刺网傍晚或白天均可放网，每次 4 ～ 5 小时。放网时应以横流偏顺风为好，1 人操舵兼开车，1 ～ 2 人分别投放浮子纲、浮标和沉子纲。放网完毕后将带网纲系结在船首桩上，随流漂移。起

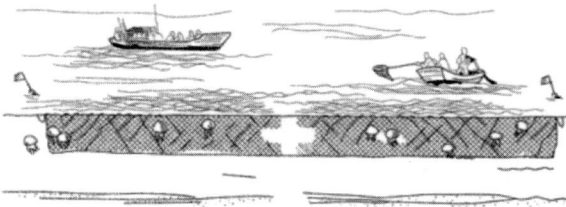

漂流海蜇刺网捕捞作业示意图

网应在受风舷进行，2～3 人分别收盘浮子纲和沉子纲，其余人员用手抄网捞取渔获物。

◆ **评价**

海蜇刺网捕捞具有效益好、能耗少、成本低等优点。因网目尺寸较大，兼捕鱼类少，不损害幼鱼。

对虾刺网捕捞

对虾刺网捕捞是指对虾因受惊后弓背弹跳被漂移中的刺网网列的网目刺挂或落入网片形成的小囊袋中而被捕获的一种刺网捕捞方式，俗称对虾挂网捕捞。

20 世纪 60 年代，中国广西已有对虾刺网捕捞作业。1985 年起，中国根据保护中国对虾资源的有关规定，对虾刺网捕捞作业依法取代了对虾拖网捕捞作业。20 世纪 90 年代起，中国漂流三重对虾刺网捕捞作业逐步取代了对虾漂流单片刺网捕捞作业。

◆ **渔具**

21 世纪以来，单层结构对虾刺网相对较少，多数采用三重结构，即两层大网目网衣之间加一层小网目网衣，为保护渔业资源有所限用。中国对虾刺网网具主网衣用直径 0.20～0.30 毫米的锦纶单丝双死结编结，网目尺寸 55～65 毫米，一般每片网长为 36～65 米，网高 6～8 米。日本对虾刺网捕捞渔具见图 1 所示，整个网

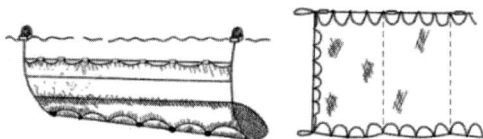

图 1　日本对虾刺网结构示意图

列与海底成一倾角向前推移。每艘渔船携带 3000～4000 米长度的网列，有机械起网设备的渔船可多带一些。

◆ **渔船**

中国渤海和黄海北部对虾刺网渔船多为中、小型渔船，一般为 6～60 总吨，主机功率为 8.82～99.26 千瓦。多数渔船为 10～25 总吨，主机功率 14.7～58.8 千瓦，船员 5～8 人。因船舶较小，无专门捕捞机械设备，有的在船首部两侧装有 2 台 3 滚轮液压绞机，用于辅助起网。

◆ **渔场**

中国、日本、印度等国近海都有对虾刺网捕捞作业。中国主要分布在渤海和黄海北部，有中国对虾等，渔期为 9～10 月；在北部湾主要捕捞长毛明对虾、墨吉明对虾和日本对虾，渔期为 2～4 月和 8～10 月，盛渔期在 9 月，作业规模比较小。兼捕黄姑鱼等。

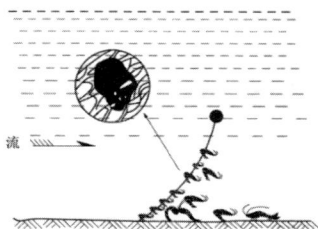

图 2　对虾刺网捕虾作业原理示意图

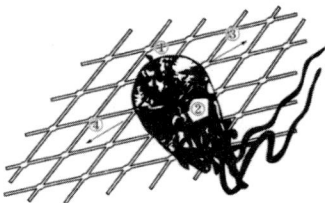

图 3　对虾刺网捕虾作业原理放大图

◆ **渔法**

按作业方式，对虾刺网捕捞（具体捕捞原理见图 2 和图 3）可分为漂流对虾刺网捕捞和定置对虾刺网捕捞。捕捞中国对虾通常清晨放网，傍晚起网。放网之前将各片网具连接成网列；放网时同步放出浮、沉子纲和网衣，每放出 10 片网片左右投 1 浮标，最后放出带网纲，其长度为水深的 2～3 倍；起网时要注意流向和风向，防止网衣缠卷在沉子纲上，边起网边摘取渔获物。

◆ **评价**

对虾刺网捕捞设备投资少、能耗低，操作技术简便，经济效益较好。但20世纪90年代以后，对虾资源明显衰退，已难以形成一定生产规模。

口虾蛄定置刺网捕捞

口虾蛄定置刺网捕捞是指采用锚、碇将刺网网列垂直敷设于海域之中，利用口虾蛄触及网衣后被缠绕的捕捞方式，是定置刺网捕捞方式之一。

中国口虾蛄定置刺网捕捞起源于渤海沿海，确切时间难以考证。最早见于文献记载的口虾蛄定置刺网捕捞为20世纪80年代河北省秦皇岛市河东寨的口虾蛄刺网，属定置单片刺网，俗称"小眼网"。此后，先后传入黄海北部，江苏、浙江和福建沿海。江苏、浙江、福建多改为流刺网作业方式。

◆ **网渔具结构**

口虾蛄定置刺网捕捞原以单片刺网为主，后因三重刺网捕捞口虾蛄的效率比单片刺网高3倍多，故单片刺网逐步被三重刺网替代。内网衣一般高0.8～4米，长30～60米，网目尺寸45～60毫米，网线为直径0.12～0.15毫米的尼龙单丝；两片外网衣，网目尺寸300～700毫米，外网衣拉直高度约为内网衣拉直高度的70%。网具装配好

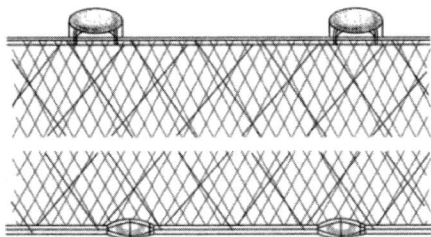

口虾蛄三重刺网示意图

后，内网衣形成若干小囊袋，用于缠络口虾蛄。捕口虾蛄的网片基本都为一次性使用。

◆ 渔船

口虾蛄定置刺网捕捞渔船木质或钢质均有，渔船主机功率为14.7 ～ 294 千瓦，黄渤海区以 110.25 ～ 200.5 千瓦居多。渔船首部两舷侧装有 3 滚轮或 4 滚轮起网机 2 台。船员 4 ～ 8 人。

◆ 渔法

中国渤海、黄海、东海近海的口虾蛄定置刺网捕捞作业渔期为春秋两季。一般白天渔船到达渔场后横流放网。每放网 5 ～ 10 片放一锚或碇和浮标，一列 200 ～ 500 片不等，长 2 ～ 3 海里。再在距前一列500 ～ 800 米处放第 2 列网，放网的方向与先前放网的列向平行。一般在同一渔场可放 10 ～ 100 网列。放完网后渔船可回港。过 7 ～ 20 天后的白天，再返回渔场起网。捞起网列的一端，将上纲导入起网机滚轮，依次起网，全部网衣均放在船上，回港后摘取口虾蛄。如产量偏低，暂不起网。有时候产量极差时，一个鱼汛只起一次网。因口虾蛄价值高，网片成本低，摘取口虾蛄时，直接剪断胶丝以确保口虾蛄的鲜活度和体形完整。渔获物中亦兼捕一些底层鱼类。春季的兼捕率较低，秋季较多，渤海区域主要兼捕一些鲆鲽类和小黄鱼等。

◆ 评价

口虾蛄定置刺网捕捞效率较高，特别是使用三重刺网后，兼捕鱼类相对比拖网捕捞和张网捕捞少，成本低、能耗少，但作业总量增加后，不仅对口虾蛄资源产生巨大压力，亦时有争抢渔场纠纷发生，需要加强管理。

敷网捕捞

敷网捕捞是指在鱼类的通道上敷设方形等单片的网渔具，等待或以诱（驱）集手段集鱼于网渔具上方时，即提扬该网渔具而捕获渔获的捕捞作业方式。

◆ **简史**

中国早在汉代已有简单的敷网捕捞。五代晋开运二年（945），浙江沿海出现手扳罾捕捞墨鱼、黄姑鱼、虾、鳗等。宋初开始应用仰网（岸敷撑架敷网）捕捞梭鲻、鲈鱼。宋代出现了轮轴起放网具的船罾。17世纪中叶，粤东地区开始利用敷网进行敲舻网作业捕捞大黄鱼等。

◆ **作业范围**

敷网捕捞作业分布于大洋、近海、内陆的江河湖泊等大小水面，主要捕捞秋刀鱼、鲐、鳀、鳊、蟹、鳗鲡、小杂鱼和虾类等。敷网捕捞作业场所多在风浪小、水流缓的海洋，以及河口、内河荡口有回流的水域。沿海国家均有分布，以日本、俄罗斯、菲律宾等国较发达。敷网捕捞一般仅作为与其他捕捞方式兼作业或副业生产的小型手段，在捕捞生产中所占比重不大。

◆ **渔具**

结构

敷网一般是在固定形状的刚体框架或纲索框架上，结缚凹陷程度不同的网衣并配备各种属具而成。网衣主要是方形单片网衣,也有三角形、圆形、圆锥形和多边形等单片网衣。

类型

按结构,可分为箕状和撑架两种。前者网具形似畚箕,作业时利用某些鱼类喜阴影群集游动或喜灯光等习性,将鱼群引入已敷设好的网具上方,然后将网提出水面捞取渔获物。后者俗称扳罾,指网具用撑架支撑,作业时网具先沉入水中,等待鱼群进入网具上方的水域后,提网捕获。该型敷网在内陆水域的岸边和河道中敷设的较多。海洋渔具中的浙江乌贼扳罾、船罾等亦属于这一类型。

按设置方式可分为3种:①岸敷网。以海岛周围、岸边、河边作业为多。网衣一般呈方形,用竹竿做成"十"字形,并将网片的四角分别结扎在竹竿端,形成撑架敷网。从岸上伸出撑竿敷设网具,有的辅以灯光诱集鱼群。此类敷网一般网具规格较小,以捕捞小杂鱼为主。但有的规格较大,如浙江舟山的乌贼扳罾网,在岸边悬敷网具,用光照诱集乌贼进入网上而起捕之。②船敷网。即网具敷设由渔船完成。又可分为单船和多船敷网。单船舷敷网使用方形或带有浮子、沉子的其他形状的网衣,或袋桶形网具。日本和俄罗斯的秋刀鱼舷提网属此类。多船敷网一般使用2艘以上渔船浮敷或沉敷渔具,有的配以光、饵料等辅助手段诱集鱼类。如光诱罾是由4只小船在海上用灯光诱集鱼群加以捕捞,主捕枪乌贼及鲹。③拦河敷网。网具结构与岸敷网相似,如抬网、拦河罾等,作业时将网具横贯敷设在河道上,拦阻鱼类的通路,依靠水流迫使鱼类入网,是内陆水域最大的敷网。渔场须选择通江、通湖的水道或有潮流的河道。

海洋敷网捕捞作业按敷设水层，又可分为浮敷网和底敷网两种。前者又称表层敷网捕捞，专用于捕捞表层鱼类，在沿岸或外海均可使用，不受水深限制。如中国的飞鱼帘、诱鲳网、乌鲳网、光诱网和敲舟古网，日本的舷提网（日称"棒受网"），以及俄罗斯的光诱圆锥网等。诱鲳网利用乌鲳喜集群游动于阴影下的习性，将与乌鲳外形、大小、颜色相似的"鲳板"或形成阴影的席子在水下拖曳，引诱乌鲳进入畚箕形的敷网后加以捕获。俄罗斯的光诱圆锥网捕捞里海的棱鲱。渔船两舷各伸出一根吊杆，将两顶圆锥网分别从船两舷轮流放入水中进行捕捞。圆锥网上方装有光诱设备。作业时当第一顶网在水中放置一段时间，并有一定数量鱼游集至网的上方后快速起网，鱼即被捕；

拦河敷网作业示意图

同时开亮另一舷侧的第二顶网上的诱鱼灯，并将网沉放至捕鱼水层，过一定时间后再吊起。

底敷网捕捞又称底层敷网捕捞，主要捕捞栖息于水底层的鱼和虾、蟹类。常用的有中国的龙虾罾和蟹敷网及日本的四船张网、四手网等，是在一条干绳上敷设几十个单独的底层敷网，用饵料诱捕龙虾或海蟹。

◆ 渔法

内陆水域使用的敷网，有畚箕网、三角罾、抬网、拦河罾、手扳罾、桥头罾、行罾和船头罾等。畚箕网和三角罾等作业时把网具临时敷设在水底，通过驱赶、惊吓使鱼类入网。手扳罾和桥头罾等作业时敷设在任何江、河及湖泊岸边的一定水层或水底，当鱼入网时起网取鱼，成为岸边式敷网。此外，还有行罾和船头罾等作业是将网具装设在船首部，可随船追捕鱼群，移动灵活，产量较高，其捕鱼原理基本上和岸敷网相同。

敷网捕捞渔具结构简单，大多数作业操作方便；但生产能力低，局限性大，除西北太平洋的秋刀鱼舷提网作业有相当规模外，有的已被其他渔具所取代。

拦河罾捕捞

拦河罾捕捞是指将网具横拦河道，等待或诱集捕捞对象游入网具上方，扬提网具出水面的一种捕捞作业方式，俗称抗网捕捞、台网捕捞、大罾捕捞，是敷网捕捞的方式之一。

拦河罾捕捞作业主要捕捞鲢、鳙、青鱼、草鱼、鲤、鲫及虾、蟹等。作业水域应以水底平坦、水深 3 ～ 4 米，并有涨落的河口或湖口为佳。拦河罾捕捞作业广泛分布于中国长江中下游及其以南地区的河口、水网地区，有些水库大坝附近的集鱼区也有这种捕鱼方式。渔期在每年 3 ～ 5 月和 7 ～ 12 月的鱼类主要活动时期，8 ～ 10 月为旺季。

拦河罾捕捞作业网具规格取决于河面大小，面积从几百至几万平方米不等。多呈四边形，结构基本相同，由网衣、纲索、枝杆、绞车等组成。因提起网具时的网具四角高度不同，四边长度不等，通常河道横断方向的上游边（称前纲）短于下游边（称后纲），靠近岸侧的纲索也略短于其外侧纲索（称外边纲）。网目大小分为 3 档，大网目部位称"稀网"，中网目部位称"中网"，小网目部位称"密网"（即取鱼部）。一般网具四角装有铁环，用以与吊纲接连，网口边纲、绞纲大多用细钢丝绳，吊纲用粗钢丝绳。起网大多用电动绞机，也有用手摇绞机。网具外边纲两角附近有 2 根立杆，用以挂吊网角。上游立杆较低，一般 7～10 米，其根部有活动装置，可使立杆活动直至倾倒，故称倒杆。网具的一角用吊纲挂吊于倒杆顶部。下游立杆较高，长 15～20 米，完全固定，称为"大杆"，作业时用吊纲与网角相连。网具另两角通过两绞纲分别与 2 台绞机相连，由绞机控制网具起放。为使网具迅速沉降并平铺于河底，其四角加装沉石。通常前纲加铁链以便尽量贴底，后纲可略高，使鱼顺利入网并滞留其间。水流湍急时，用小锚拉住前纲，避免网具扭曲变形而影响渔获量。网具敷设完毕，每隔一定时间将网具抬离水面捞鱼。鱼多时 15～20 分钟 1 次，鱼少时间隔时间适当长些。使用小型网具时，可用长柄抄网捞鱼。使用大型网具时，在起网收绞前先将小船驶入网内，然后取鱼，取鱼后重新放网。绞机起网操作应同步收绞。

拦河罾结构简单，捕捞作业方式操作简便，渔获效率高，历来是专业或副业渔民的一种有效捕捞工具；但因内陆水运繁忙，水利开发建闸和封闭型养鱼业的发展，天然淡水鱼资源量逐年下降，产量不如从前，此捕捞作业也日益受到限制甚至禁用。

扳罾捕捞

扳罾捕捞是指将渔具敷设在水中，待鱼类游到网具上方，及时提升网具，再用抄网捞取渔获物的作业方式，又称拉罾网捕鱼，是敷网捕捞方式之一。

　　世界各国内陆水域河道和近岸均有扳罾捕捞作业分布，渔场大多选在水流平缓的河道、洼淀、湖泊的凹岸处，春、夏、秋三季作业。扳罾捕捞对象主要有鱼、虾、蟹等。

　　扳罾捕鱼作业方式主要有岸敷式作业和船敷式作业两种。网衣大多呈正方形或倒梯形，四周扎有边纲，四角扎有绳环，用来套挂在撑架四脚。

岸敷式作业网具结构一般由罾网、撑架、提网架、平衡架等组成（图1）。在中国渔具分类中属撑架型敷网。小型网罾有的无提网架和平衡架。撑架由四根长度相等、弹性韧

图1　岸敷式扳罾作业示意图

性均较好的竹竿捆扎而成。有用铁管焊接的十字形撑架插管构件代替捆扎工艺，便于网具的拆装。撑架四脚插有贯通竹竿的竹楔，将网片四角的绳环套在撑架四脚的竹楔上。提网架呈A字形，由两根南竹捆扎而成。其上端与撑架的十字交叉中心捆扎在一起，其下端捆绑1横竿作为轴。为提网时省力，大多数扳罾的A字形提网架之后设置相应的平衡架，上端配重石块，平衡架与提网架共用1轴。

　　岸敷式作业中的小型罾网只用1根提网杆，岸上打2根木橛，用2条牵绳拉索将提网杆联结2根木橛。起网时只要拉起牵绳，即可捞起渔获物。

　　船敷式扳罾是固定在船首甲板上，简称"船头罾"（图2、图3）。

船头罾全年均可流动作业，作业期以 3～4 月、9～10 月为旺季。作业时抬起平衡架，整个罾网即可沉入水中；扳下平衡架，提网架就会抬起，提罾网出水，操作十分轻松。一般 1 个人即可作业。为诱聚捕捞对象，在罾网中可投放些诱饵。

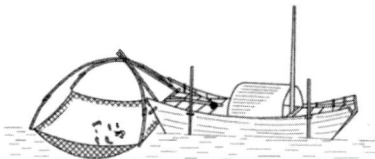

图 2　船敷式扳罾结构示意图

图 3　船敷式扳罾作业示意图

扳罾捕捞是传统的捕捞方式之一，在内河作业时要避免影响航行。

飞鱼帘捕捞

飞鱼帘捕捞是指根据飞鱼类集群游入丛草产卵习性，用草席或其他纤维的捆扎物投入水中专门采捕飞鱼类鱼卵的作业方式，是敷网捕捞方式之一。

飞鱼帘捕捞主要分布在中国浙江省南部、福建省泉州沿海，以及台湾地区东北角沿海和恒春沿岸。

◆ 简史

飞鱼帘捕捞是 20 世纪 80～90 年代发展起来的一种作业方式。因作业技术要求不高，投资少，产品附加值高，发展迅速。福建省 2001 年作业船数约 300 艘，2004 年，福建省对该作业实行专项捕捞许可证制度。2009 年底，福建飞鱼帘渔具数量有 1650 张。21 世纪 10 年代，台湾地区作业渔船 200 余艘，年均捕捞量 260 余吨；2006 年开始对该作业进行管理，2010 年设定总容许渔获量为 300 吨，捕捞时间为 5 月 15 日～7 月 31 日。

◆ 捕捞对象

飞鱼类是中国黄海、渤海和东海北部的一种常见经济鱼类，能利用宽大胸鳍跃出水面 1～2 米在空中自由滑翔，在遇敌害追逐或受惊时能跃出水面滑翔 100 米以上。台湾海峡中北部海域主要有 5 种，分别是少鳞燕鳐、尖头燕鳐、弓头燕鳐、背斑燕鳐和花鳍燕鳐，体长一般为 150～200 毫米，其中少鳞燕鳐较常见。飞鱼类为暖水性中上层鱼类，白天多集群在水面跳跃洄游，生殖群体在繁殖季节趋光性强，夜间喜欢躲在植物纤维阴影内产卵。所产鱼卵为附着性沉卵，带有浓黏液体，易附着在纤维面及缝隙里或其他漂流物中。卵径较大（1.5～2.0 毫米）。

◆ 渔具和渔船

飞鱼帘渔具由长方形草席构成，材料有稻草、麻布袋或其他纤维，结构和大小因渔民作业习惯而异。中国福建泉州使用的飞鱼帘渔具由 4 层草席构成，每层草席长 1.2～1.5 米，宽 0.45～0.9 米，背面缝结塑料泡沫材料增加草席的浮力，腹面由稻草片编结成 24 个叶瓣，作业时利用叶瓣在水中摇晃闪光诱飞鱼躲进叶瓣阴影内产卵。草席一端缝结 1 根竹条与支线联结而漂浮在水面上。4 片草席为 1 组，草席间用绳索相连，高度约 1 米（图 1、图 2）。作业时，两组相隔 5～6 米，用绳子连接，每船携带飞鱼帘渔具约 100 组（图 3）。根据中国渔具分类，飞鱼帘属于漂流多层帘式敷具。飞鱼帘是当地的俗称。飞鱼帘捕捞对作业渔船无特殊要求，大多利用拖网、流网或张网等渔船兼作。

图 1　飞鱼帘 1 组草席

图 2　飞鱼帘草席

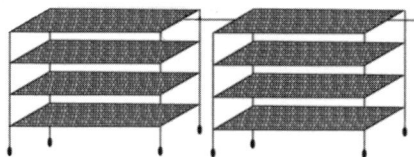

图 3　飞鱼帘结构示意图

◆ **渔场渔期**

飞鱼帘捕捞渔场分布较广，在北纬 25°00′ ～ 27°50′、东经 120°10′ ～ 128°00′ 均可捕获。渔期为 3 ～ 8 月。其中心渔场位于北纬 25°30′ ～ 26°30′、东经 121°30′ ～ 122°30′，即彭佳屿附近海域。渔期 5 月初至 7 月下旬。

◆ **作业方式**

飞鱼帘捕捞作业投放草席一般从下午 4 ～ 5 点开始，作业时左舷受风，左舷操作，顺流逐个投放。先投船首草席，最后一个系结在船首旁，距离 60 ～ 80 米。然后抛出海锚，采用浮筒顺流带动，投放船尾草席，最后一个系结在船尾，距离 20 ～ 30 米。草席漂流约 48 小时后开始收取，秩序和投放相反。将附着有飞鱼卵的草席在清水中左右筛晃，就可取得鱼卵。潮水缓飞鱼产卵容易黏附在草席上，潮流急则反之。作业时必须掌握好渔场的流速、流向等。飞鱼产卵一般从傍晚开始，作业时船上不能开灯，避免飞鱼趋光跳跃影响产卵。

◆ 前景

飞鱼帘捕捞具投入少、产值高的特点。但为保护渔业资源和生态环境，应控制捕捞强度，包括限制单船投放渔具数量，以及设定禁渔期和禁渔区。

大黄鱼敲舥网捕捞

大黄鱼敲舥网捕捞是指通过敲击多艘木质小渔船响木发声，将鱼群驱赶至敷网上方后起网的 1 种捕捞作业，又称敲舥作业，是一种敷网捕捞方式。大黄鱼敲舥网捕捞作业主要捕捞大黄鱼和小黄鱼。

大黄鱼敲舥网捕捞是起始于 17 世纪中叶广东硇洲、阳江沿海一带的特有捕捞作业方式。1954 年扩展到福建的东山、漳浦和福鼎等沿海。1955 年又传入浙江的温州等沿海。1957 年，福建省和浙江省等明文规定予以禁用。在 20 世纪 60 ～ 70 年代曾一度反复。至 1979 年起，中国全面禁止该捕捞作业。

敲舥网由网身、缘网、纲索、浮子和沉石等组成。网具装配后呈矩形或梯形。

大黄鱼敲舥网捕捞作业是由 1 艘主网船、1 艘副网船和几十艘小船组成 1 个作业船组（俗称为"艚"），作业人数可达 200 多人。确定渔场后，主、副网船并靠抛锚，与指挥艇共同指挥各小船，排列成椭圆形。每艘小船配置 3 ～ 4 人，2 人在船首用木棍敲击特制的"响木"发出声响，通过船体向水下传播，驱赶鱼群。另有 2 人划桨，向网船聚集。当包围圈缩小到一定程度时，主、副网船起锚背向航行投网，两船之间铺设成兜形畚箕式敷网网具。待鱼群驱赶到主、副网船之间所敷设的敷网上方后，即起网捞起渔获物。整个作业时间需 2 ～ 2.5 小时。1956 年 3 月，中国温州乐清县（今乐清市）的 1 作业船组曾 1 网捕获大黄鱼 28 万千克。

尽管此作业产量高，经济效益较好，但因作业的敲击声响过大，不仅驱赶鱼群，还使石首类的大黄鱼、小黄鱼头内的耳石失去平衡，在其震区内不论大鱼、幼鱼，都浮于水面死亡，相应地渔获质量也明显下降，严重破坏渔业资源和生态环境。

钓具捕捞

钓　捕

钓捕是用钓钩、钓线、浮沉子等组成的钓具进行的一类捕捞方式。

◆ 简史

人类运用钓具捕捞的历史相当悠久。古代已有用骨角作钩制成的原始钓具。中国在商周时期就已有"钓之六物"（钩、线、竿、饵、浮子和沉子）。公元前 475 年，中国第一部养鱼著作——《陶朱公养鱼经》中阐述了用钓具捕鱼的方法。北宋邵雍在《渔樵问对》中对竿钓渔具已有完整记载。钓具捕捞作业方式由从岸边的竿钓、手钓，发展成远离岸边，并建造钓船，从事钓捕作业。捕捞方式除竿钓、手钓外，还有曳绳钓和延绳钓等。为提高捕捞效益，在大船上载有若干艘小船，发展成为母子式延绳钓作业。钓具捕捞成本相对较低、渔获质量好、产值高。尤其在远洋渔业中，钓渔业占有相当重要的地位。欧洲有关国家不仅发展大西洋的远洋钓捕业，还进入印度洋进行作业。日本的金枪鱼延绳钓早在 20 世纪 50 年代遍及世界三大洋。中国从 80 年代后期以来，金枪鱼类钓捕作业已先后在三大洋进行规模性生产，光诱鱿钓作业遍及南北太平洋和西南大西洋。此外，中国台湾地区的金枪鱼延绳钓渔业也相当发达。

◆ 作业范围

钓捕可用于内陆水域、近海或大洋捕捞，一般以捕捞栖息在礁石水域的肉食性鱼类为主，也可捕捞蟹类和鱿鱼等头足类软体动物。在大洋中主要捕捞鱿鱼、鲣和金枪鱼类等高度洄游鱼类。

◆ 渔船

用于钓捕的渔船类型和大小视作业方式而定。岸边垂钓就不需用渔船。内陆水域一般采用小木船，必要时可配上船尾挂机。在海洋沿岸作业钓船一般不超过 20 总吨，近海作业为 20 ～ 100 总吨，远海和大洋作业的大多超过 500 总吨。中国近海母子式延绳钓船中的母船载重吨为 60 ～ 70 总吨，带载重为 1 吨的子船 6 艘左右。

◆ 渔具

钓捕渔具按结构可分为 6 种：①真饵单钩。由 1 轴和 1 钩的单钩，并钩上天然动、植物做成的真饵料，而组成真饵单钩钓具。是钓具中使用最多的一种类型。②真饵复钩。由 1 轴多钩或由多枚单钩集合成的钓钩，并钩上天然动、植物做成的真饵料，而组成真饵复钩钓具。主要用在钓捕头足类等软体动物。③拟饵单钩。用假饵料（一般称为"拟饵"）和单钩组成的钓具。拟饵用羽毛、白色橡皮薄片、塑料或塑料布条、塑料单丝等材料制成鱼类所嗜好食物形状的假饵料（如鱼、虾、头足类等形状）。

主要是在曳绳钓中采用。④拟饵复钩。用拟饵和复钩组成的钓具。一般只在鱿鱼机钓和鱿鱼手钓中采用。⑤弹卡。由两端削尖的竹篾片，两端合拢后插进麦粒中，或合拢后夹住蚕豆、芽谷、面团、虾等饵料构成的钓具。当捕捞对象吞食麦粒后该竹篾片自动伸直，卡住其口内，故俗称为卡钩。弹卡也可用芦苇或麦管制成的卡管套住。⑥无钩。不用钓钩，由钓线直接结缚饵料，加上小铅锤而组成的钓具。中国无钩钓只用于钓捕蟹类。

◆ **渔法**

钓捕作业可分为漂流延绳钓、定置延绳钓、曳绳钓和垂钓 4 种作业方式。①漂流延绳钓。在每条干线上等间距地连接着有钓钩的支线，若干条干线之间又连接成一条钓列，并利用浮子、浮标、沉子、沉石等使钓具敷设在作业水域的上中下的不同水层，随水流漂流移动的作业方式。此作业方式分布面积广，数量和产量也最多，如鳗鱼延绳钓和金枪鱼延绳钓等。②定置延绳钓。采用与漂流延绳钓相似的渔具，但使用锚、沉石等固定设置在某一水域的作业方式。此作业适用于单向或双向水流，并有一定的流速、渔场面积较窄的水域。以钓捕底层鱼类或近底层鱼类为主。③曳绳钓。用渔船拖曳装有钓钩、钩线等的作业方式。以钓捕大型的游泳速度较快的鱼类为主。由于钓具在拖曳过程中会产生浮升作用，所以只使用沉子不使用浮子，以使钓具能沉降到所要求的水层。④垂钓。包括手钓（即用手直接拉着带钓钩的钓线作业）及机械和钓竿悬垂钓线的作业方式。在远洋捕捞中采用这种作业方式的渔业主要有鱿鱼手钓、鱿鱼机钓以及自动鲣竿钓等。

渔具构造相对比较简单，除曳绳钓作业外，其他钓捕作业时基本上不需要耗能，或耗能较低，相应降低了成本，作业技术易掌握，便于推广，渔获质量较高。钓具捕捞受渔场底形、地质、水深、海况等限制较小，其捕捞选择性较高，有利于保护幼鱼资源。因此，钓具捕捞在国内外海洋渔业中发展势态良好。

竿钓捕捞

竿钓捕捞是以钓竿的末端系结钓线及钓钩进行的一种捕捞方式。钓捕方式之一。

◆ 简史

竿钓是历史较早的渔具之一，自商代甲骨文中出现持竿钓鱼的象形文字以后，在周、汉、唐、宋等朝代的不少古籍中记述了竿钓的结构和渔法。宋代《渔樵问对》中有较为系统的记述。随着科学技术的进步，不仅竿钓结构有了新的发展，有的已由自动化代替手工操作。

◆ 作业范围

竿钓不仅是捕捞生产渔具，也是游乐性捕鱼的主要渔具之一。竿钓作业的水域范围较广，在内陆和海洋中均可作业。捕捞生产的竿钓主要作业于海洋，以日本的鲣竿钓规模最大，渔获量也最高，其次为鲐竿钓。从事的国家除日本外，还有韩国、法国、葡萄牙、美国、马尔代夫以及南太平洋的个别岛国。主要钓捕在表层游动的鲣、鲐、鲹、柔鱼以及鲑、鳟、鲤、鲫等。游乐性捕鱼的竿钓，作业规模小，广泛分布于世界各国内陆水域和近海。

◆ 渔船

按渔场远近不同，竿钓捕捞渔船吨位差别较大。作业于近海的生产渔船，以 40～100 总吨为主，主机功率 220.5～588 千瓦，航速 10 节（1节=1852 米/时）左右，较大型者均有制冷设备。以游乐为目的的钓船一般在 10 总吨以下。远洋作业的渔船，以鲣竿钓渔船最大。

◆ 渔具

竿钓捕捞渔具由钓竿、钓线、钓钩、浮子和沉子等组成。钓竿可以扩大钓捕范围，增加操作敏捷度，缓和上钩鱼的挣扎力，减少鱼脱钩的可能性。因此，钓竿应具备一定的长度、坚韧性和优良的弹性。一般用优质竹竿制成，也用玻璃纤维和合成树脂制作。有整根和分段插接两种。前者一般用竹竿制成，长 2～6 米，粗端直径 20～45 毫米，细端直径 3～25 毫米。生产上多用此种规格较大者。后者一般多用玻璃纤维和合成树脂制成，分 2～5 段插接，以便于携带，总长度 1.3～3.0 米。近手握部位多装有绕线轮，可以进一步扩大钓捕范围，有的在各插接段装有固定金属环，粗端直径为 30～40 毫米，细端直径为 1.5～5 毫米，游乐性钓捕多用此种。钓线多用锦纶单丝，也有使用锦纶捻线的。其粗度在承受钓获鱼类体重和挣扎力的前提下，愈细愈好。直径一般为 0.5～1.6 毫米。其长度约与钓竿相同，但装绕线轮的钓线长度可达 20～50 米。沉子为铅制圆形，用于海洋的每个质量为 50～250 克，用于内陆水域的每个质量为 10～100 克。作业水域流速较大及有绕线轮装置的钓具使用的沉子质量要大些。浮子为木质或塑料制品，形状不一，多为圆柱体。要求体积小、浮力大、色泽鲜明，以便作为观测目标，判断渔获物上钩状况。有绕线轮装置的钓具，不装浮子。钓钩分有倒刺钩和无倒刺钩 2 种。生产性的鲣竿钓多为无倒刺钩，游乐性用的多为小型短轴倒刺钩，有的则用拟饵钩。

◆ 渔法

竿钓捕捞作业有的在岸边操作，有的在船上操作，生产性的竿钓都在船上作业。作业时先将饵料装在钓钩上，一般钩尖不外露，然后手持钓竿，将钓线通过钓竿放于所选定的水域中。装有绕线轮的钓具，手持钓具用力将钓线甩至较远的水中。根据浮子动态、手感或竿端动态来判断是否有鱼上钩。确定上钩后，迅速扬起钓竿，将鱼提到岸边或船上摘取，一人可以兼顾几支钓竿作业。此捕捞方式几乎没有负面影响。

垂钓捕捞

垂钓捕捞是用系在钓线上的钓钩，装上真饵或者拟饵以引诱捕捞对象吞食后被捕获的一种钓捕方式，俗称钓鱼。狭义上指垂竿钓鱼，广义上还包括竿钓、手钓和机械钓。

◆ 简史

垂钓捕捞历史悠久。中国垂钓最早出现于旧石器时代，已有数千年的历史。陕西西安半坡出土的骨质鱼钩距今约 6000 年，是中国发现最早的垂钓文物。早在先秦时期，钓鱼已作为一种休闲娱乐活动。先秦时期的古文献《列子·汤问篇》《孔丛子·抗志篇》中都有钓鱼的记载，东汉王充的《论衡》一书中记有利用拟饵招引鱼类摄食的诱鱼技术，北宋时期出现了最早的售票钓场——池苑所。

国际上，如日本和英国，也有悠久的钓鱼历史。1496 年，英国人 J. 伯纳斯写了世界上第一本钓鱼书；同是英国人的 I. 沃尔顿在 1653 年出版了《垂钓大全》。日本在享保（1716～1735）年间发行了第一本钓鱼书《钓鱼秘传·河羡录》。

当代垂钓捕捞已发展成为相当规模、自动化钓捕渔业，如大洋性的鱿钓、鲣竿钓等。此外，人们又将垂钓发展成为一项竞技体育活动，每年世界各国都开展一些重要的赛事，如 FLW 世界户外钓鱼大赛、亚洲海矶钓名人邀请赛、COB 户外猎鲈大奖赛等。

◆ 渔场

一般在岸边、河口、港湾、水深 20 米以内浅海域，以及礁区、岛屿周边海域等鱼类聚集点。根据钓捕对象不同，在内陆水域，如鲤、鲫等全年均可钓捕，在海洋，如石斑鱼、黄鳍鲷等有一定的季节性钓捕。

◆ 渔船

在江、河、湖、海岸边垂钓无须渔船。在江河湖泊或沿海上的垂钓通常采用无动力或带有船尾机的玻璃钢小艇，船长 3～5 米，配船员 2 人。但大洋性的鱿钓、鲣竿钓渔船大多超过 500 总吨。

◆ 渔具

钓渔具一般由钓钩、钓线或干线、支线、饵料、钓竿、浮子（包括浮筒）和沉子（包括沉石、碰石）等构件组合而成。自动化鱿钓渔具是自动化钓机，不用钓竿，钓机按要求直接将带有多刺型钓钩的钓线放至一定水深，待鱿鱼上钩后钓机会自动绞起钓线。

◆ 渔法

垂钓捕捞可分为手竿钓捕和抛竿钓捕。手竿钓捕仅需垂钓者伸出钓竿垂钓于水面即可，普通竿长 5～8 米，钓线的长度从竿尖至浮子长约 0.5 米，浮子下钓线的长度根据水深而定。抛竿钓捕又称海竿钓捕，需要垂钓者甩动钓竿，送出钓饵。海竿长度有两种，长竿在 3.6 米以上，中短型在 3.6 米以内。其钓线长度应远大于钓竿长度。这种钓捕所使用的渔具除大洋性的自动化鲣竿钓、鱿鱼机钓设备外，一般内陆水域和沿岸作业的钓具构造简单，成本较低，作业技术简易，并易于推广，且不受渔场底形、地质、水深、海况等限制，相对地对幼鱼资源伤害小。此外，随着人们生活水平的提高，对休闲娱乐的需求增多。越来越多的爱好者参与垂钓活动，既有益于身心健康，也促进了相应的体育赛事，使得休闲钓产业获得发展。

延绳钓捕捞

延绳钓捕捞是指在一根干线上系结若干根等距离支线，其末端结有钓钩和饵料，向水平方向延伸的一种钓捕作业方式，是一种钓捕方式。

◆ 简史

延绳钓捕捞广泛用于海洋和内陆水域。挪威至少 16 世纪中叶就有延绳钓作业。中国北宋宣和（1119～1125）年间，南海出现了拖钓。南宋时，出现空钩延绳钓，在一根干线上结附许多支线，支线上系结锋利鱼钩，敷设在江河或浅海，捕获洄游经过的底层鱼类。明、清代以来，中国东南沿海各省已普遍采用延绳钓作业。

多数沿海国家都有延绳钓捕捞作业分布，以日本、挪威、加拿大、美国、西班牙和法国等国家较发达。中国浙江、山东、福建、广东和海南省，以及台湾地区也有分布。延绳钓捕捞渔场主要分布在近海岛礁区、大洋中的水团交汇区和海台上方，以及南极附近水域。钓捕对象不同，钓具名称和结构规格各异。钓捕对象主要有金枪鱼类、鳕、鲑、鳟、鲽、鲷、南极犬牙鱼、鲨和河鲀等。

◆ 渔船

根据渔场远近和作业方式的不同，延绳钓捕捞渔船差别很大。近海单船作业的延绳钓捕捞渔船一般为 10 ～ 80 总吨，主机功率 14.7 ～ 19.4 千瓦。远洋单船作业的延绳钓捕捞渔船以 200 ～ 400 总吨较多，主机功率 367.5 ～ 955.5 千瓦。航速 11 ～ 13 节（1 节 =1852 米 / 时），一般都装有冷冻保鲜设备和起放钓机。

◆ 渔具

延绳钓渔具由干线、支线、钓钩及饵料、浮子、沉子、浮标等组成。按作业方式分为定置延绳钓捕捞和漂流延绳钓捕捞两种。定置延绳钓捕捞一般单船作业，用锚或沉石固定，适于渔场范围较小的近底层水域作业。漂流延绳钓捕捞既有单船作业，也有母子式作业。延绳钓捕捞钓具随风流漂移，适于渔场范围广、水流较缓慢的中层或表层水域作业。

◆ 渔法

延绳钓捕捞作业时，为防止干线聚拢、提高钓获率，干线应敷设成与水流正横或偏正横。作业时边钩上装饵料边投放水中，待数小时后 1 次收拉干线和支线，摘取渔获物。也有的仅收拉支线，摘取渔获物后再装上饵料投入水中继续作业。

延绳钓捕捞具有结构简单、操作方便、成本低廉、渔获物质量好和不易破坏鱼类资源等优点，其缺点是劳动强度较大。20世纪80年代以后，世界海洋捕捞受到200海里专属经济区或渔区的限制，不少远洋渔业国家失去了在国外的传统作业渔场，有的转向大洋公海作业。

卡钓捕捞

卡钓捕捞是指以竹条削成两端尖的卡弓，弯曲后夹住饵料，套上芦苇制的卡圈，当鱼吞食饵料时，芦苇卡圈断裂，使卡弓弹开，卡住鱼的口腔或食道而被捕获的一种钓捕作业方式，属于定置延绳式钓具类渔具捕捞作业方式。卡钓捕捞又称弓钓捕捞、弹弓钓捕捞、麦弓钓捕捞、缆钓捕捞，属真饵弓卡型捕捞。

◆ 简史

中国在新石器时代已出现卡钓捕捞。卡钓是一种古老的、原始的、富有地方特色的渔具，早已受国际渔捞专家的注意。因此，卡钓至今仍在使用，有一定的学术研究意义。

◆ 渔场及捕捞对象

卡钓捕捞作业在湖泊、河流中均有应用，例如中国安徽巢湖、浙江绍兴、湖南沅江、河南平顶山和河北安新均有，主要捕捞鲤、鲫、鳊等鱼类。

◆ 渔具

卡钓渔具由干线、支线、钓钩、浮子绳、浮标、沉子绳、浮子、沉石和竹竿构成。干线的一端除用来系结竹竿以外，每隔约60厘米结扎支线 1 条，支线末端结扎卡弓；干线另一端与浮标、沉石绳相连，数条支线共用 1 个浮子。饵料可以是面团、谷子、玉米和麦子等。

◆ 渔法

卡钓捕捞作业时，先装饵料，弯曲卡弓，夹上面团，卡弓两个尖端套上芦苇圈，固定饵料。船到渔场，将干线一端固定在竹竿上，将竹竿插上，饵料贴近水底为宜，然后一边行船一边放钩，直到末端放下沉石和浮标止。此捕鱼方法一般每年 3 ~ 4 月、8 ~ 9 月作业，一般傍晚下钩，次日凌晨收钩，从末端开始，捞起浮标和沉石，拉干线起钩，摘鱼。

◆ 评价

卡钓渔具结构简单，造价低廉，操作便利，劳动强度小，所捕获的鱼整齐，无外伤，利于暂养和保鲜。并且此渔具不捕幼鱼和产卵鱼，有利于渔业资源的繁殖和保护。卡钓作业可视为其他渔业生产时的兼作渔具。但卡食的准备和卡弓的加工比较费工费时，放卡和收卡时易排乱钓线和卡弓，从而缠绕或解不开造成整套渔具报废。

曳绳钓捕捞

曳绳钓捕捞是以渔船拖曳钓具的一种钓捕捕捞方式，又称拖毛钓捕捞。曳绳钓捕捞是钓捕洋流混合区中深层的黄鳍金枪鱼和大眼金枪鱼的主要捕捞方式。

◆ 渔具

曳绳钓捕捞作业渔具由钓线（绳）、钓钩、沉子、转环等组成，有的还装有木制或硬塑板制的机翼形或流线型潜板，用于调节钓钩水层。钓具数量和规格根据渔船大小、钓捕对象和作业水层而定。一般每船

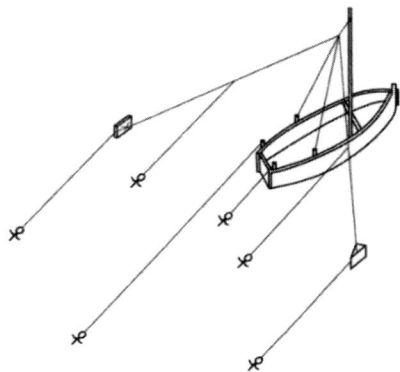

瑞士带有潜板的鲑曳绳钓作业示意图

6～15根钓线（绳），每根长度10～150米，用直径5毫米的合成纤维绳。自船舷向外钓线逐根增长，每根钓线装钓钩4～10只。以沙丁鱼、柔鱼等小型鱼类为饵料，也可以用骨头或白色、粉红色羽毛、布条、木塞及塑料片等制作的拟饵。

广东曳绳钓捕捞作业的钓具由干线、支线、钓钩、沉子等组成。分为近海作业及西沙作业两种。近海作业使用有倒刺的不锈钢制长圆形钩，每船用8条干线，各由两段组成，上段用拉力100磅（445牛顿）、直径1.48毫米的锦纶单丝，下段用拉力40磅（178牛顿）、直径0.85毫米的锦纶单丝。各条干线的长度因固设的位置不同而异。钓具装配上，将干线上段的前端分别结缚于桅杆、船尾和撑竿上，下段末端各结钓钩1个。撑竿的干线间距在距船舷1米处结第1条干线，然后按1.6米间距结第2、3条干线。每船还备有木柄鱼钩3把，供起钓时钩鱼用，钩由铁制，长36.5厘米，装上长2.5米的木柄。西沙使用有倒刺的不锈钢长角形钩。每船用7条干线，每条由2段组成，上段用拉力200磅（890牛顿）直径20毫米的锦纶单丝，下段用直径1.1毫米的不锈钢丝。在西沙作业不使用支线将钓钩直接结附在干线末端。钓具装配上是将上段干线分别

结缚在桅杆上之后连接下段不锈钢丝干线，在其末端各结钓钩 1 个，共结钓钩 7 个。撑竿的干线间距为在离船 1 米处结上第 1 条干线，分别向外每隔 1.6 米结 1 条干线。

◆ 渔船

曳绳钓捕捞渔船从小型无甲板船和独木舟到 25 米或 30 米长的冷藏船都有。中国近海曳绳钓捕捞主要是 5 ～ 50 总吨的小型渔船，以 5 ～ 20 总吨为主，主机功率 14.7 ～ 58.8 千瓦；50 总吨的主机功率 147 ～ 220.5 千瓦，航速 10 节左右。船的两舷各装外伸撑竿 1 或 2 根，竿长 6 ～ 12 米，用于系结多根钓线。

◆ 渔法

曳绳钓捕捞作业是将各钓线（绳）连接到撑竿上（有的通过橡胶带与撑竿相接），放入水中，渔船以 1.5 ～ 5 节的速度拖曳作业。根据鱼上钩挣扎、改变潜板受力状态而使钓线上浮，观察撑竿与钓线间的橡胶带动态或报铃的响声，确定鱼已上钩，及时起钓取下渔获物。

◆ 渔场

曳绳钓捕捞在海洋和内陆水域均有作业，既有商业性捕捞，也常用于娱乐性游钓。曳绳钓捕捞主要钓捕游速快的大、中型鱼类，如金枪鱼、鲣、箭鱼、马鲛、鲯鳅、大麻哈鱼、梭鱼、鲑等。在太平洋沿海的国家如美国、日本等较发达。中国广东、辽宁、台湾地区也有曳绳钓捕捞作业分布，如海南文昌的拖毛钓已有 300 余年历史，浙江新安江渔民在养殖水域使用曳绳钓捕捞鲌，其他还有辽宁的带鱼曳绳钓等。一般在岛礁区或海流交汇区清澈的水域，水深在 50 米以内作业。中国广东沿海自硇洲岛到三亚一带是曳绳钓的作业渔场。

张网捕捞

张网捕捞是指利用桩、锚、碇、橹或抛锚的小型渔船将一顶或多顶囊袋形网具敷设在具有一定水流速度的江河或浅海水域中，依靠水流的冲击，迫使小型鱼虾类等捕捞对象冲入网内的捕捞方式。张网捕捞已在各国海洋和内陆水域广泛使用。

◆ **简史**

中国张网捕捞历史悠久。据《世本》记载，张网等为伏羲氏所做。秦汉以前的古籍中已提到张网和其结构，如《韩非子·外储说》记载："善张网者引其纲，不一一摄万目而后得。"说明张网是捕捞鱼、虾、蟹的有效方式。20 世纪 60 年代以来，随着合成纤维材料的使用以及渔船的动力化和作业的机械化，捕捞性能显著提高。

◆ **渔船**

张网捕捞渔船一般根据捕捞作业规模而定，在内陆水域作业的渔船以小型机动船为主，可与其他作业兼用。沿岸作业的渔船有 1.5 米长的小艇，或配有功率为 3 千瓦的挂桨，作业人员 1～2 人。近海大多数作业渔船功率为 89.4～137.83 千瓦，船长 22～26 米，宽 5～5.5 米，深 2～2.35 米，总吨 65～95 吨，配立式绞机两台，船员 15 人左右。

◆ **渔具**

张网捕捞网具多呈囊袋状，为使网口张开，有的网口装有框架，如架子网、虾板网等；有的装有桁杆，如鮟鱇网；有的网口两侧用竖杆，如坛子网；有的网口只装共有纲索，其上、下纲分别装配浮桶和沉石，如大莆网；也有的呈一囊两翼形网具，形似有翼拖网，网具上、下纲分别装配浮子和沉子，如有翼张网。

按照网口垂直和水平扩张类型，张网可分为 6 种：①张纲型张网。网口的垂直扩张依靠纲索、浮子和沉子维持，水平扩张依靠锚、桩等维持。②框架型张网。网口依靠竹竿等制成的正方形、矩形、梯形或三角形等框架进行扩张。③桁杆型张网。网口水平扩张依靠桁杆维持，垂直扩张依靠桁杆、浮子和网口下缘的沉子共同维持。④竖杆型张网。网口的垂直扩张依靠左右两侧的两支竖杆维持，水平扩张依靠纲索维持。⑤单片型张网。网具由单片网衣和上、下纲构成，形似刺网。网片的垂直扩张依靠上、下纲的浮、沉力来维持，水平扩张决定于所固定的樯或桩间距。⑥有翼单囊型张网。网口的垂直扩张依靠双桩、浮子和沉子维持，水平扩张依靠双锚或双桩维持。

◆ 渔法

张网捕捞敷设渔网具方式主要有 5 种：①桩张网。用桩固定网具，有单桩、双桩和多桩之分，以单桩张网的数量最多，但网具较小，一艘渔船一般可管数十顶网具作业。主要捕捞对象为毛虾，其次为小型鱼、虾类及经济鱼类的幼体，适用于近岸回转流向的浅水区域，流速 1.5～2.5 节为宜。双桩张网比单桩张网略大，每船管理的网具较少，适用于双向流向的浅水区域。多桩张网是在一列木桩中的桩之间装一囊形网具，一般都为沿岸作业。②锚（碇）张网。用锚（碇）固定网具，有单锚张网、双锚张网和多锚张网 3 种。双锚张网网具较大，可在水深较深的沿海作业。③船张网。利用抛锚渔船的左右两侧分别固定一顶囊形网具的一种捕捞方式。大都在沿海河口或江河水域作业。④樯张网。一种比较原始的网具。用竹（木）杆插入水底固定网具，数量多但网具小，分布在沿岸浅水区域，一艘渔船可管数十顶网具作业。⑤并列式张网。两个固定点之间的两条绳索上并列设置若干个小型张网。此种作业方式一般选择设置在能够顶流作业的狭窄水域，特别适用于岩礁间的水道区域。内陆水域很少使用。

张网捕捞作业过程一般包括以下 4 个步骤。①打桩。用桩固定网具是桩张网作业的第一步。打桩的方式根据网具的规模和作业渔场的条件而不同，有使用桩头的人力打桩，有使用打桩机的半机械打桩，还有机械化程度较高的机械打桩。②抛锚。用锚固定网具的锚张网作业的第一步。单锚张网作业抛锚比较简单，渔船到达渔场的预定网位后，船首顶流，将锚从一船舷抛出，并松放锚纲至预定长度。也可使渔船横流，在顶流的一舷抛锚。③挂网。打桩、抛锚、插樯完毕后，在大号桩、插好的樯杆或抛下的锚绳上挂网。④收取渔获物及解网。张网敷设完毕后，等待渔获物进网。等待的时间因渔情状况而又很大的差异。估计渔获物达到一定数量时，就可收取渔获物，通常在平潮前进行。

张网捕捞一般在平潮前作业船驶到网地，拉起网囊引纲，提起网囊，倒出渔获物，然后再将网囊用绳扎好抛入海中。通常每天起网 1 ～ 2 次。

◆ 评价

张网捕捞渔具结构简单、操作简便、能耗省、成本低，捕捞小型鱼、虾类具有独特优势，渔获量比较稳定。但捕捞选择性差，其作业渔场大多是经济鱼类的产卵或索饵水域，如网目尺寸过小，明显损害经济鱼类幼体，须严加控制和管理。

有翼张网捕捞

有翼张网捕捞是指把囊袋形渔具的左右两翼分开一定距离固定敷设在水域进行捕捞的一种张网捕捞方式。在许多国家的沿海或江河中均有该类捕捞作业。

◆ 简史

有翼张网捕捞是一种传统作业方式，中国使用有翼张网具有悠久历史。20 世纪 80 年，福建沿海有该类作业 6 万多个，浙江沿海亦有 1.2 万个左右。最初固定方式多为海底打桩，现已以锚代桩。

◆ 捕捞对象

海洋有翼张网主要捕捞毛虾、鳀、小公鱼、梭鱼等小型鱼虾类，如福建的腿缯（双桩有翼张网）、海南的对虾张网、辽宁的双桩张网、山东的海蜇张网。但在繁殖产卵季节会伤害带鱼、鲳等经济鱼类幼鱼。内陆水域的主要捕捞对象有短颌鲚、鲌、鲢、鳊、草鱼、小杂鱼及各类经济幼鱼等，如洞庭湖的麻濠。

◆ 渔船

有翼张网捕捞渔船大小与捕捞对象和渔场离岸远近有关，各地不同。福建腿缯渔船小的 1～8 吨，8.82 千瓦，船员 3～5 人，携带网具 6～8 个；较大的船长 12～16 米，载重 12～15 吨，29.4～58.8 千瓦，船员 8～10

人，携带网具 20 ～ 30 个。海南的对虾张网使用长 3 米的小划艇，1 人作业，携带网具 3 个。山东海蜇张网渔船主机功率为 14.7 ～ 147 千瓦，经济效益以 59 千瓦和 99 千瓦的渔船最好。

◆ **渔具**

根据固定方式，海洋有翼张网在渔具分类上有双桩翼单囊张网和双锚有翼单囊张网两种。网具由网翼、网身、网囊及有关侧纲、力纲和叉纲等纲索组成。网具结构特点是，网翼较长，占网衣全长的 40% ～ 65%，网线较细；网囊网目尺寸小，除海蜇张网外，一般在 20 毫米左右。山东毛虾张网的网囊网目尺寸只有 10 毫米。

◆ **渔法**

有翼张网捕捞作业时两翼由引缆分别固结在打入海底的桩或锚上，网口迎流布设。网口水平扩张依靠两分开的固着点通过缆索和叉纲维持，网口垂直扩张由浮子和沉子的浮沉力维持。网身随往复流翻转，使网口保持迎流张开，鱼、虾、蟹等捕捞对象随水流进入两网翼之间，随即被网翼导入网身，最终进到网囊而被捕获。

◆ **渔场和渔期**

有翼张网捕捞渔场因捕捞种类不同而不同。腿缯作业渔场水深一般为 10 ～ 40 米，一般可全年作业，旺汛期 11 月至翌年 3 月。海南对虾张网作业靠近沿岸，一般水深 4 ～ 8 米，渔期 3 ～ 10 月。山东有翼海蜇张网主要在辽东湾的营口沿海作业，汛期 8 月下旬至 9 月底。

◆ **评价**

有翼张网作业属于小型渔业，渔具结构简单，对渔船大小和作业人数没有特别要求。用锚代替桩固定网具，更便于转移渔场。为保护渔业资源，中国农业农村部规定其网囊最小网目尺寸不得低于35毫米。

坛子网捕捞

网口两侧叉纲中间分别结附密封坛子调节作业水层和网口朝向的双桩张网捕捞方式称为坛子网捕捞。坛子网捕捞适用于具有一定流速的往复潮流海域，主捕小黄鱼、鲳、黄鲫、梅童鱼、带鱼及虾蟹等。中国沿海有一定数量的坛子网捕捞作业分布。坛子网捕捞网具各地俗称有差异，如黄渤海区与东海区称为坛子网，南海区称网门。

◆ 简史

中国山东省日照市岚山头是坛子网捕捞的发源地，有几百年历史。1927年，日照渔民将该网具引入蓬莱，20世纪30～40年代，传入辽宁沿海。50年代初传入江苏沿海，以吕泗渔场最为集中；80年代已成为一种主要张网捕捞方式；1983年底，作业船只数达800余艘，网具数2万余口，产量4.2万吨，占江苏省海洋捕捞产量的20%。随着近海渔业资源衰退，作业规模趋于萎缩。至2015年，江苏省坛子网渔船数量已不足400艘，产量占比不到10%。海州湾和吕泗渔场渔期3～12月，作业水深6～20米。

◆ 渔船

坛子网捕捞作业渔船以木质或钢质为主，主机功率一般为58～110千瓦，配备助渔、助航和通信设备。单船可带网具20～40口，另配备1.5吨舢板1～2只，船员5～6人。

◆ 渔具

坛子网捕捞网衣由聚乙烯（PE）9×3 ～ 4×3 线编织，目大 8 ～ 13

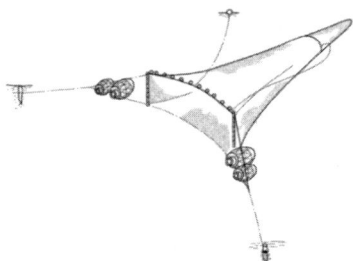

坛子网捕捞作业示意图

厘米。制作网具时，先将网口纲与网口网衣按 0.30 ～ 0.40 缩结系数分档结扎，4 个网角各留 40 ～ 50 目，力纲从网口四角直目向下结扎。挂网前，网口两侧系结竖杆，网口两侧上下叉纲之间分别扎上 2 个密封酒坛（现用泡沫塑料或玻璃钢浮子），沉子结缚于腹力纲中、后部。

◆ 渔法

在坛子网捕捞作业过程中，选择合适的渔场后，先把木桩或草把成排打入海底。在天气较好、风浪较小时，由舢板与大船同时挂网。起网在平潮之前进行，舢板靠上网具，船员顺力纲提拉网衣至网囊，取出渔获物后再将网放入海中。一般 1 天按往复潮流 2 次平潮，可起网 2 次，若渔获物多，可取 4 次。

◆ 评价

坛子网捕捞作业对海州湾渔场和吕泗渔场内侧的渔场环境条件有良好的适应性，相应的投入较低、产出较高。但缺点是对捕捞对象的选择性差，作业区域是经济鱼类产卵区和幼鱼活动区，特别是进入 5 月份后，渔获物中幼鱼比例较高。坛子网已成为过渡渔具，最小网目尺寸不小于 35 毫米。

架子网捕捞

架子网捕捞是一种网口靠方形或梯形毛竹框架装置保持张开的单桩张网捕捞方式。

◆ 捕捞对象

架子网因网具网口由竹框构成而得名。架子网捕捞一般是在水深 10 ～ 40 米、泥或泥沙底质，以及回转流潮的海域作业。架子网以捕捞毛虾为主，其次为小型鱼虾类，也兼捕小黄鱼、带鱼、黄姑鱼、海鳗等经济鱼类。架子网捕捞主要在中国山东、河北、辽宁沿海作业，可常年作业，单船年渔获量为 70 ～ 100 吨，最高曾达 250 吨。

◆ 渔具渔船

架子网捕捞作业大多使用小型渔船，一般为 10 ～ 25 总吨，功率为 14.7 ～ 99.23 千瓦，船员 6 ～ 10 人，每船可管 40 ～ 80 顶网具。架子网网口一般呈正方形或长方形，由竹框固定。网身长度 10 ～ 20 米。网口面积 16 ～ 23 平方米。网口网目尺寸 3.3 ～ 9 厘米，网囊网目尺寸不到 1 厘米，网衣和纲索均由乙纶制成。网口框架用 4 ～ 8 根毛竹制成，网口上方有挑竿 1 根。网口下角有 2 块方形沉石，每块重 10 ～ 15 千克。1 根木桩挂 1 顶网，木桩长 0.80 ～ 1.50 米，直径 12 ～ 18 厘米。

◆ 渔法

架子网捕捞作业一般应选择小潮汛、风平浪静天气打桩。为防止网具之间纠缠，两桩间距应大于根绳长度。挂网时将根绳系结于框架的叉纲上，中间用铁制或木制转轴连接，4 个网耳系结到框架四角。起网应在平潮前，先拉起网囊引纲，提起网囊，倒出渔获物，然后再将网囊用绳扎好抛入海中。一般每天起网 1～2 次。

◆ **评价**

架子网操作简便，捕捞渔获量较高，但网囊网目尺寸偏小，会兼捕大量经济鱼类幼鱼。为保护渔业资源，中国渔政管理部门已对该作业规定了禁渔期和网囊网目最小尺寸。

虾板网捕捞

虾板网捕捞是在架子网基础上改进的一种以捕捞毛虾为主的单桩张网捕捞方式。

◆ **捕捞原理**

虾板网捕捞利用毛虾进网后受惊向后上方弹跳的习性，沿网背小目网衣进入网囊达到捕捞目的，幼鱼则随流由下方大网目逃逸的作业方式。适用于回转潮流的沿海海域。

◆ **沿革**

虾板网起源于中国山东省。20 世纪 50 年代，该网具腹网大网目部分用草绳编结。50 年代后期传入浙江舟山群岛沿海。渔期为 3～6 月和 9～11 月，全年可作业 200 天左右，历史上单船年渔获量 20 吨左右。

◆ **渔具**

虾板网捕捞网具与架子网相似，主要是将腹网衣改为网目长度为100 毫米的大网目，既可释放幼鱼类，也可减少网具阻力。网背及网侧上部采用经纬编织的小目网衣。其网具装配、固定方式和起、放网操作方法，均与架子网相同。

◆ **评价**

虾板网捕捞作业是公认的专捕毛虾释放幼鱼性能较好的张网，也是中国最早使用具有选择性装置的捕捞方式之一。

海蜇张网捕捞

海蜇张网捕捞是根据海蜇行为习性设计的专门捕捞海蜇的张网捕捞方式。

◆ **沿革**

海蜇张网捕捞作业于 20 世纪 50 年代始于中国山东沿海，60 年代传入江苏赣榆。因渔具结构简单、操作方便、渔获量较高，逐渐向江苏南部推广。90 年代中后期，海蜇资源开始衰退，生产船只也开始减少。2009 年，辽宁省此作业方式占张网总数的 45.22%。2015 年，江苏省此作业渔船约 100 艘。

◆ **渔具**

海蜇张网捕捞作业主要分布于中国辽宁、江苏、浙江和福建等省沿海。有单片张网、框架张网和有翼单囊张网等。渔具没有统一的标准，取决于作业海区水深、渔船功率吨位、使用习惯及操作熟练程度等因素。网具共同特点是网线较细、最小网目尺寸较大。

◆ **渔法**

海蜇张网捕捞主要有并列单片张网、双锚有翼单囊张网和单锚张纲张网 3 种。并列单片张网网列由 5～30 片网片并列而成，各网片通过叉纲、锚缆连接至铁锚，合理选择锚缆长度和浮沉力比例，使渔具浮于水体表层，形成与水流垂直的一排网列，拦截随水流触网的海蜇。在辽宁、山东、江苏沿海海蜇生产海区广泛应用，作业渔场水深5～25米，渔船功率58.80～183.7千瓦。其中，江苏渔船主机功率88.20～147.00千瓦，配有助渔、导航和通信设备，船员4～5人，单船可带网10～20片。一般在平潮前起网，1天2次左右。渔期为7～8月，主汛期10天左右。

双锚有翼单囊张网渔具由网衣（网翼、网身、网囊）、纲索（叉纲、上下纲、力纲、锚缆）和属具（浮沉子、铁锚）组成。作业时，先将1只铁锚抛入海中，然后顺次抛下相应一端的锚缆、叉纲和网翼以及网身。网具伸展后，再将另一端的网翼、叉纲和锚缆抛入海中，然后抛第2只锚。有时将几个海蜇网连在一起作业。一般在平潮时起网。渔船功率14.70～198.45千瓦，船员4～9人，单船带网数5～40顶。

单锚张纲张网渔具结构及作业原理与帆张网相类似，所不同的是主尺度较小，用线规格较细，囊网尺寸按规定相应放大。

◆ **渔期**

海蜇张网捕捞鱼汛期多在7～8月份，正值伏季休渔期，实行特许捕捞许可证制度，并规定捕捞作业起止时间和网具的最小网目尺寸。江苏省海蜇张网最小网目尺寸不小于90毫米。有囊型张网（如单锚张纲张网等）"伏休"期捕捞海蜇一直存在争议，管理会更为严格。

鳗苗张网捕捞

鳗苗张网捕捞是一种专门针对鳗苗的捕捞方式，渔具网衣网目尺寸致密如布，与鳗苗游泳行为、作业区域温度流速等特点相契合。网衣滤水不畅，对一般鱼类无捕捞效果，而鳗苗游泳能力较弱，在水中主要呈随水流漂浮游荡的方式移动，一旦进入网口、碰触网衣，即逐渐被导入网囊而被捕获。

◆ **类型**

中国江苏、浙江和福建等沿海河口均有这种作业方式，作业区以水深 3～5 米的浅水区域居多，渔期 11 月至翌年 5 月，各海域有所差异。根据区域特点和渔民沿用习惯，以双桩张网和船载张网较为普遍，前者主要有双桩有翼张网和双桩竖杆张网两种捕捞方式。船载张网则是利用渔船作为固着渔具平台的捕捞方式。

双桩有翼张网

双桩有翼张网网具规格相对较小，网翼较长，形似机翼，俗称"飞机网"。主网衣由网翼、网身、网囊构成，整顶渔具由主网衣、上下纲、侧纲、浮沉子、系列叉纲、引索等属具连接而成。捕捞作业时，双桩固定渔具维持网口水平扩张，依靠浮沉子保证网口垂直扩张，水流作用使网衣得以伸展。此渔具始于 20 世纪 90 年代，作业船只数 80～100 条。该作业的渔船主机功率一般为 29～58 千瓦，以木质渔船为主，配备简单的助航和通信设备，每船带网数量 100～200 顶，船员 2～3 人。在作业过程中，选择合适的海域先打桩，按上根绳，做好标记。待鱼汛开始将根绳与叉纲相连,并将网具抛入海中,平潮时收取渔获。

双桩竖杆张网

双桩竖杆张网主网衣为锥体结构,由网身、网囊构成,网口垂直扩张由毛竹撑竿维持,水平扩张由双桩固定间距维持,依靠水流的冲力使网衣扩张达到捕捞目的。操作程序包括区域选择、打桩、挂网、捕捞、渔获收取等。江苏在双桩竖杆张网(俗称"深水方")的基础上,结合鳗苗习性改进而成,少量兼捕刀鲚、凤鲚等区域性资源。

船载张网

船载张网又称船张网、三脚架网,网口由三脚架支撑,两腰长 1.5 米,底宽 1.7 米,高 1.2 米,网全长 5 米左右。渔船以功率 18 ～ 29 千瓦木质渔船为主,作业时一般选择闸口外的适宜地段,船首逆流抛锚,两口张网分别张于船的两侧。配备简单的助航和通信设备,船员 3 ～ 4 人。2009 年,江苏作业渔船约 800 艘,分布于南通、盐城和连云港沿海地区。

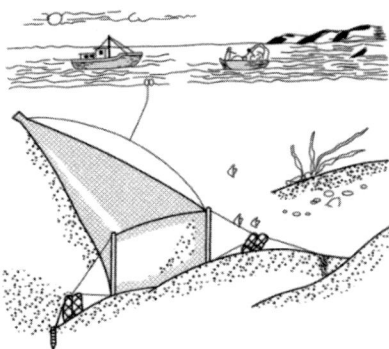

鳗苗张网作业示意图

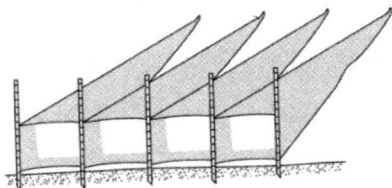

河鳗苗张网作业示意图

◆ 评价

鳗苗张网作业能耗低,鳗苗专捕性能好,成鱼兼捕少。由于在浅滩及河口处作业,容易阻塞航道,主要港口及航道周围应设禁捕区;进入春季后,对经济鱼类的鱼卵和仔稚鱼数量具杀伤力；作业区水文条件复杂，生产安全问题也应引起重视。

鳗苗是珍贵渔业资源，基于保护和合理利用的双向需求，各相关沿海省份根据渔业法律和国家有关规定，结合各自海域实际，实行鳗苗特许捕捞制度。江苏省规定（《关于加强鳗鱼苗管理工作的通知》苏海管〔2007〕5 号），沿海鳗苗捕捞者必须领取"专项特许捕捞证"方可从事捕捞生产，长江及内陆水域禁止捕捞鳗鱼苗；沿海鳗苗的捕捞期为每年 1 月 10 日至 4 月 30 日，不得提前开捕和延长捕捞。对违规捕捞者，各级渔政机构按有关规定予以处罚。

大莆网捕捞

大莆网捕捞是指用两只木锚（碇）将渔网具固定在具往复潮流水域，利用水流迫使鱼类入网被捕的双锚张网捕捞作业方式，又称大捕网捕捞。

◆ 简史

大莆网捕捞作业始于中国浙江象山港的桐照、栖凤，盛行于浙江北部沿海，距今约有 200 年的历史。20 世纪 60 年代前，曾是中国浙江渔民捕捞大黄鱼的主要作业方式之一。60 年代以后，以机帆渔船代替了帆船作业，分布于舟山地区、温州洞头、台州玉环等地。随着机帆渔船对网和拖网作业的迅速发展以及渔业资源的变化，此作业逐年减少，但 70 年代后期又有所恢复。由于网目尺寸减小后以捕捞小型鱼类为主，包括带鱼等幼鱼，对渔业资源伤害较大；同时，产量不高，渔获质量下降，已被逐步淘汰。

◆ **渔场**

大莆网捕捞适于水深 15 ～ 60 米，流速 2 ～ 4 节，底质泥或泥沙的水域。主要捕捞对象为大黄鱼、鲳鱼、乌贼、带鱼、龙头鱼、梅童鱼、黄鲫和鳀鱼等。大莆网捕捞渔场范围较广，转移渔场方便。70 年代以前，主要渔场在岱巨洋和大戢洋，渔期为 3 月中旬至 12 月，4 月中旬至 5 月中旬为盛渔期。

◆ **渔具**

大莆网捕捞渔具分类属于双锚张纲张网。网具呈囊袋状，由网身和网囊组成。60 年代以后，网衣由聚乙烯网线代替了苎麻线编结。网目大小自网口的 110 毫米左右逐段减小到网囊的 20 毫米大小。结附网衣的网口纲长 210 米左右，网衣纵向拉直总长约 80 米。网口上纲装配浮子和浮筒，下纲装配铁链，两侧的上锚缆绳装配浮筒及浮竹，下锚缆绳装配沉石，用以维持网口垂直扩张；用锚、锚缆等维持网口水平扩张。

◆ **渔船**

大莆网捕捞渔船全长约 20 米，载重达 40 吨，主机功率约 90 千瓦，船上装有立式绞机 1 台，船员 7 ～ 8 人。

◆ **渔法**

大莆网捕捞作业时，渔船到达渔场，选择好放网位置后，投下一个锚，放出上、下锚缆，并将叉纲、带网纲、网囊引纲等连接起来，一并放出。当与第一个锚相距约 200 米时，投下第 2 个锚，两个锚的连线要与主流向垂直。船向两个锚中间移动，并将夹纲系缚妥当，分别绕在船首和船中部的缚柱上；将网的 4 个网角，分别结缚在左、右、上、下锚缆上，依次放出网身、网囊；将带网纲缚于船首，放网完毕。待平潮前起网，先绞进带网纲，拉上夹纲，使网口闭拢，再起网取鱼。渔获物多时，绞收网囊引纲，吊进网囊，捞取渔获物。将网囊从网口翻出，在流向相反时再次放网。

陷阱捕捞

陷阱捕捞是一种将渔具固定设置在鱼类等水生动物的洄游通道上，以拦截或诱导捕捞对象陷入其内的捕捞方式，属定置类渔具捕捞方式之一。陷阱捕捞因被陷入的渔获物一般难以逃逸而得名。

◆ 简史

陷阱捕捞方式比较古老。在中国，箔筌陷阱类渔具捕鱼已有上千年的历史。唐代陆龟蒙《甫里集》五沪诗中的"沪"指的就是现在的"簖"，是一种在海滩上置竹，以绳相编，向两岸张两翼的渔具。当时的苏州河两岸渔民就利用涨落潮开展陷阱捕鱼。簖是唐代长江下游沿海地区的主要捕鱼工具之一。唐代以后，向内陆和南方沿海地区发展，捕鱼的结构与名称亦有变化。明代王圻《三才图会》中的"蟹簖图"，即陷阱类的栅箔。插网型陷阱类渔具亦有数百年的历史。

◆ 渔具

陷阱捕捞的渔具种类繁多，规模大小相差较大。沿海潮间带和内陆江河、水库、湖泊均有陷阱捕捞作业分布。渔具结构、设置地点和布设方式是根据捕捞对象的洄游分布、水域地理环境和水流或潮流等确定，类别较多，可捕捞各种不同体形和体长的鱼、虾、蟹类。按其结构和捕捞方式可分为插网型、建网型和箔筌型 3 类。

插网型

网具由矩形网衣和插竿构成，网墙一般长数百米，按地形而定；网高可根据水深调整。根据捕捞原理可分为两类：①导陷插网。将网墙按"八"字形、曲弧形等多种形状插置诱导鱼类，并设置圈网、取鱼部等，使陷入的鱼集中。②拦截插网。借助涨落潮流或河川急流，拦截鱼、虾类。有时还以噪声、驱赶等手段辅助，强制鱼、虾陷入而捕获。插网结构简单、操作简便，适宜捕获沿岸滩涂小型鱼、虾类。

建网型

网具由网墙部和网身部构成，是陷阱类中规模较大、比较先进的渔具。网墙拦截和诱导鱼类，网身起聚集鱼类的作用。网身部有网圈部，或称运动场，有的装有漏斗状的升网。整顶网具用锚、石等将侧张纲和型纲固定在一定的场所，并在纲上悬挂网片，使锚、石等的固定力，浮子的浮力，网衣和沉子的沉降力等维持平衡，以保持所需的形状。建网又可分为 3 类：①大折网。建网的早期网型，由网墙、网圈和取鱼部组成，现生产中几乎不再使用。②落网。由网墙、升网和网囊（箱网）3 个部分组成，有的还设置网圈部，其特征是具有漏斗状的升网。③袋建网。由网墙、网圈和网袋 3 个部分组成，多数以支柱和锚固定敷设在沿岸浅水区和内湾等渔场，规模相对较小。

箔筌型

箔筌型陷阱捕捞的原理和渔具结构与建网型陷阱捕捞的相同，但渔具材料主要使用竹、木等。海洋捕捞中已较为少见。

◆ 前景

插网和箔筌渔具结构相对简单，可就地取材制作，成本不高。陷阱捕捞对渔船和动力要求亦低，一般作为轮、兼作使用或作为副业经营。大型建网以捕捞成鱼为主，经济效益较高，相对投入也较高。陷阱捕捞作业时应限制网目大小，并控制其发展规模。

箔筌捕捞

箔筌捕捞是用竹、木、芦苇、高粱秸秆、树枝或合成纤维等材料编成的栅箔（箔帘或笼笼）设成固定形状，拦截、诱导鱼类游入集鱼部的一种陷阱捕捞方式。

◆ 简史

箔筌捕捞历史悠久。中国早在周代已使用竹或荆条编的筌、笋捕捞鱼虾类。长江流域的"簖"、东北地区的"筑"均属此类捕捞方式。清代乾隆（1736～1795）年间东北地区已有大规模的"筑"渔业，是当地的主要捕捞方式。江西堑湖"簖"年产量曾占鄱阳湖区捕捞总产量的1/3左右。据1982年调查，广西沿海共有渔箔297处，分布于防城、钦州、北海等地。

◆ 渔具渔法

箔筌型渔具敷设形状和规模取决于水域环境特点及其范围大小。按捕捞原理，其铺设可分为：①拦截式箔筌捕捞。又称"硬簖捕捞"。该渔具由栏帘和取鱼部组成。用竹竿或木杆固定竹帘（栅），拦截流水中的鱼类。拦帘用竹帘按折线或直线形横拦河道或湖泊出入口，敷设长度根据水域宽度和敷设形状而定，高度一般露出水面半米。为方便船舶通过，在河道中部敷设一段高于水面的软拦帘。圆筒形取鱼部设在直线形或折线形拦帘折角和开口处（图1）。②导陷式箔筌捕捞。该渔具由引帘、围帘、门帘和取鱼部组成（图2）。用竹（或芦苇）和合成纤维帘插成特殊形状，诱导鱼类陷入取鱼部。通常敷设在水流缓慢的江河和湖泊，引帘自岸边向外敷设在与水流垂直的方向。围帘形状较复杂，有弧形、折角形等。门帘敷设在围帘入口处两侧，其大小因鱼种而异。在围帘两侧设小围帘、内导帘及取鱼部。帘的总长度与敷设规模大小有关，规模小的只有几十米，规模大的可达2500米以上。帘的高度，一般以露出水面半米左右为宜。

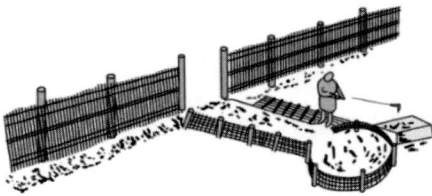

图1 拦截式箔筌（黑龙江茂兴湖，簖子）作业示意图

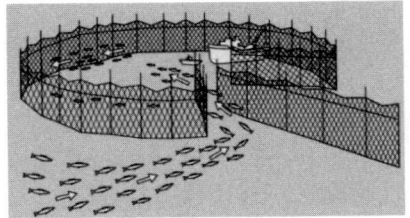

图2 导陷式箔筌捕捞作业示意图

◆ 渔场

各国内陆水域、湖泊、江河的入海口都有箔筌捕捞作业分布，主要捕捞鲤、鲫、鲢、鳗鲡、青鱼、草鱼、虾、蟹等。在海洋中该捕捞方式

较少，中国广西的渔箔是该地区最古老的浅海定置导陷式箔筌，主要捕捞马鲛幼鱼、白姑鱼、青鳞鱼和虾类等。

◆ **评价**

箔筌结构简单，操作方便，成本低，捕捞效果好，但对经济幼鱼有一定影响。海洋中使用的渔箔主捕沿岸小型鱼虾类，并兼捕经济鱼虾类幼体，应严格规定禁渔期。

插网捕捞

插网捕捞是将长带形网片用竹竿或木杆等装配插在潮差大的浅滩上，拦截涨潮时游入的鱼、虾、蟹类等，待退潮后捡取捕捞对象的一种陷阱捕捞方式。

◆ **简史**

插网捕捞历史悠久。中国魏晋至南北朝时期，渔民在长江口海滩上插竹，以绳编连向岸边伸张两翼，涨潮时鱼虾越过竹枝，退潮时被竹枝所阻而被捕获。尽管近代捕捞技术不断进步，专业渔船广泛使用，海洋捕捞由沿岸向外海发展，但传统的插网捕捞至今仍被沿岸渔民沿用，或作为副业生产。

◆ **渔具**

按捕捞原理和作业方式，插网捕捞可分为 3 类：①固定插网捕捞。网片长度可达 3000 ～ 4000 米，高度不低于涨潮后的水深。网目大小为 30 ～ 45 毫米。鱼汛期，将网片用木杆长期固定于海滩上，在大退潮后捡取捕捞对象，如中国辽宁沿海的梁网等。②起落网捕捞。网片长度

500 ～ 1800 米，网目大小 30 ～ 40 毫米。网片在海滩上向岸敷设呈弓弧形，两端围成圈状。退潮后，网衣下降在海底，涨潮时，网衣升起至水面。再退潮后，鱼类被困拦在网前而被捕获。如浙江的起落网，江苏的提网、吊网等。③拦网捕捞。网片长度一般为 150 ～ 1200 米，网目大小 25 ～ 50 毫米，涨潮时将网具插置海滩上，形成弓弧形，退潮后鱼类被困拦于网前而捕取。如江苏的坞网、软滩网、拦网，山东的地网、港沟网、柳网、泥网、滩网、跳网和须网等。

◆ 渔法

插网捕捞方式一般是在大潮汛期内退至最低潮时将木杆或竹竿按地形所需的网形插入水底，木杆或竹竿之间装上网片；涨潮时潮水没过木杆或竹竿，退潮后渔民拾取陷入网中的鱼、虾、蟹类等。生产作业时间依潮汐而定，一般一天两次。

◆ 渔场

渔具结构简单，世界各地沿海、河口潮间带沿岸或坡度较小的滩涂地区均有插网捕捞作业分布。中国北方沿海、长江口一带较多。插网捕捞适于有潮差、泥沙为主底质的水域，主要捕捞近岸小型鱼、虾和蟹类等。

◆ 评价

插网捕捞成本低，生产管理方便，但对渔业资源损害较大；有的插网敷设长十几千米，严重影响其他社会活动。随着近岸渔业资源的衰退，插网捕捞已逐步

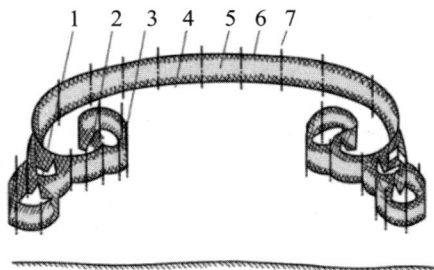

插网作业示意图

淘汰。如中国农业部发布的《长江刀鲚凤鲚专项管理暂行规定》第 6 条规定，2004 年 1 月 1 日起，长江流域禁止插网作业。

迷魂阵捕捞

迷魂阵捕捞是用竹篾、树枝、芦秆等编制成箔帘，在鱼类洄游通道上敷设成一定形状的陷阱，拦截和诱导鱼类入箔的一种陷阱类的箔旋捕捞方式，又称旋箔捕捞、栅箔捕捞，如用网片代替箔帘，则又称网箔捕捞。

◆ **简史**

中国早在周朝就已开始使用竹和荆条编制成箔帘进行捕捞。因其生产效果较好，曾在中国江河湖泊中普遍使用。迷魂阵捕捞作业主要分布于内陆湖泊、水库、池塘等水域，要求地势平坦、流缓、水清、水草丰富等。

◆ **渔具**

迷魂阵捕捞渔具一般规模很大，由墙网、大小圈网、取鱼部组成，内有各种大小口门及升导装置。迷魂阵捕捞主要分为外套和内套两种类型。以中国广西全州县五福水库使用的迷魂阵为例，一般由拦网、谎旋网、大轮网、张网、鱼袋、沉子、浮子及附属构件组成。拦网是从第一道进鱼网门中间向外延伸到近岸边的长带形网片，主要用于拦鱼和诱导鱼类入箔，由若干网片连接而成，网片数目视作业水域宽度而定。谎旋网亦由若干网片连接而成，围成活动场并组成第一和第二道鱼网门，其作用是防止进入第一道鱼网门的鱼类外逃并诱导其进入第二道鱼网门。大轮网由 2～4 片网片组成，构成活动场和第三道鱼网门，作用是防止进入第二道鱼网门的鱼类外逃并诱导其进入张网。张网为容纳鱼类的长方形网箱，是被捕鱼类最后集中地，相应的属件主要有绳索、浮子、沉子、锚、网门沉铁、支撑竿等。随着合成纤维材料在渔业上的广泛使用，网箔已大都采用合成纤维网片制成。

◆ **渔船**

利用渔船进行迷魂阵的布阵时，需大船 1～2 只、小船 4～6 只、渔民 20 人左右。平时捞取渔获物时只用载重 1000 千克的三舱或 500 千克的小排子数只即可。

◆ **渔法**

迷魂阵捕捞作业主要程序及方法为：①箔旋设置。可因地制宜地设置各种阵形，安置在湖泊或河口浅水缓流地区的鱼类通道上，利用墙网阻拦和诱导鱼类沿着墙网进入大小圈网，并利用大小圈网间的入口装置（口门），步步深入，使鱼类易进难退，最后通过升导装置，游入取鱼部而被捕获。以河北安新迷魂阵为例，船驶到确定设置的水域后，将人员分成 4～5 组，按预定设置方案先用木铲板在水底泥中铲出一道沟，

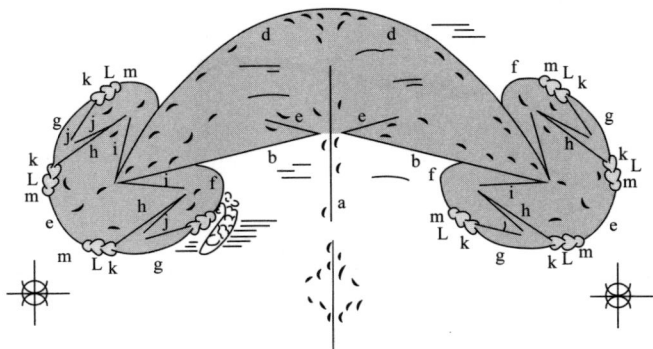

河北安新迷魂阵捕捞作业示意图

苇箔沿着道沟插入沟中。苇箔片与片之间重叠搭接约0.1米,彼此用3～4根竹签别牢。各段箔旋除导墙、门帘、倒帘、左右屏外,应尽量圆顺,不要出现折角硬弯。②起鱼方法。每日黎明前后用捞网依次在箔旋捞取渔获物。此外,箔旋设置好后要有专人看管,及时修补或更换破损的苇箔,适时清洗苇箔上的青苔,高温季节应适当调换、晾晒苇箔,以延长使用寿命。

◆ 评价

迷魂阵捕捞渔具材料来源广,制造简单,成本低;设置后无须人工干预,可常年捕捞,生产效率高。但因该捕捞方式对幼鱼及产卵亲鱼伤害较多,有损于渔业资源,因此除仅在少数养殖水域允许作业外,已被禁止使用。

建网捕捞

建网捕捞是使用木桩、沉石或锚将网具敷设在沿海鱼类洄游通道上,利用网墙拦截和诱导捕捞对象游入网内的一种陷阱捕捞方式。

◆ 简史

1940年,中国大连金州(今金州区)渔民从苏联符拉迪沃斯托克(海参崴)引进的大折网试捕成功,后又不断改进,但现已不再使用。20世纪40年代,山东威海开始使用落网,当地称为"老牛网";60年代对网具进行了改进,70年代末在烟台、威海等地约有400盘;80年代中期,改进网具捕捞鳀获得成功,在当地获得迅速推广,2014年作业网具 600 余盘。建网除敷设网具外，捕捞操作简易，渔获量较高，以捕成鱼为主，为定置渔具中较先进的类型，但使用时应限制网目大小，并控制其发展规模。

◆ 渔具

建网由网墙、网圈入口装置、漏斗网组成。中国沿海现有建网的网墙和网圈的上纲都浮于水面，下纲接触海底，以捕捞不同水层的鱼类。按结构分为大折网、落网和袋建网 3 种。

大折网

规模较大的建网渔具之一。网墙长度可达 500 米，有两个网门诱导鱼类入网。网圈长度 480 余米，高约 20 米，圈内有网底，上方无网盖。可捕捞带鱼、小黄鱼、鲅鱼等。大连市近海的大折网历史上单位年渔获量曾达 100 吨。

落网

规模比大折网更大，网墙长度达 750 米，网具有单门诱导鱼类入网，网圈内有升道，下无网底，上无网盖。捕捞对象主要有鲅鱼、四指马鲅、鲨鱼、鲷、鲱等。山东威海地区的落网历史上单位年渔获量可达 150 吨。

袋建网

建网渔具中较小的一种，由网墙、网圈、内导网衣及 3 ～ 6 个网袋组成。网墙长度 40 ～ 150 米。网圈内无网底和网盖，但网圈四周增设若干网袋作为取鱼部。网袋口内一般装配漏斗网衣，并用竹圈分别将漏斗两端撑开，以利鱼类入袋。网袋一般装在网圈高度的 1/3 处。袋建网是中国建网分布较广的一种。捕捞对象有对虾、小黄鱼、黄姑鱼、鲽等，单位年渔获量 3 ～ 10 吨。

◆ 渔法

根据不同捕捞对象，在建网捕捞渔具结构、网型、网线颜色、网目大小等方面均有不同的要求。网墙起拦截和诱导鱼群的作用，通常与岸线、潮流呈一定角度敷设。根据大部分鱼类遭遇网墙即转向，并沿着网墙游往深水区的习性，网墙由浅水区向深水区敷设，将网圈和取鱼部敷设在深水区。网墙的长度根据渔场地形、水深和来游鱼群游向而定；网圈入口装置在建网发展演变的过程中起着极重要的作用，是建网从传统型向现代型转变的重要标志。入口装置的数量，按渔场环境条件、捕捞对象习性、入网率与反逃率等确定；漏斗网设置在网圈和网囊入口处，漏斗网内口狭小，可阻止进入网囊的鱼反逃出网。起网时只需将网袋拉起倒出渔获物即可。

◆ 渔场

建网捕捞作业时网具一般敷设在不易受大风浪侵袭、泥沙底质、海底平坦无障碍物、往复流为主、流速不超过 2 节的水域。在中国，落网主要分布于辽东半岛、山东半岛和河北的沿海；袋建网规模相对较小，中国沿海均有分布。日本、韩国、俄罗斯、法国、意大利等国沿海也有分布。

落网捕捞

落网捕捞是将渔具设置在沿海鱼类洄游通道上，利用网墙的拦截和诱导作用使捕捞对象游入网内的一种传统捕鱼方式，属建网捕捞方式之一。

◆ 简史

20 世纪 40 年代，中国山东威海、烟台沿海开始使用落网捕捞，当地称为"老牛网"。60 年代，在"老牛网"的基础上研制成"小牛网"，减少了占海面积，两者互补。70 年代初，落网曾是早春捕捞近岸产卵洄游鲱鱼的主要渔具之一。山东威海地区的落网，历史上单位年渔获量曾达 15 万千克，最高网次产量超过 1 万千克，70 年代末发展到 400 盘。80 年代中期，随着黄海鳀鱼资源的开发，"老牛网"被改进成鳀鱼落网，获得迅速发展。至 2014 年底，威海和烟台沿海作业的鳀鱼落网有 600 余盘。

◆ 渔具

落网捕捞的渔具由网墙、前网圈、网坡、网喉、后网圈、取鱼部等部分组成，特点是有一漏斗状通道的升网。为进一步提高渔获效率，还有二重落网、二重箱网等。网墙在网具入口处并向外延伸，呈长带形，引导鱼群游入网圈，其长度可达 800 ～ 1000 米。前网圈一般由 4 片网衣连成，总长度 160 米左右。网坡为前网圈和后网圈的衔接部分，成簸箕状，由正梯形的底部及两侧的斜梯形网衣连接而成。网喉位于网坡后部，由凹网衣、网舌、网须、网盖 4 部分组成。后网圈由网底和侧网衣构成，为积聚鱼类的场所。

◆ 渔场

日本、韩国、俄罗斯和中国等国均有落网捕捞，日本尤为发达。在中国，落网捕捞作业主要分布在威海及烟台崆峒岛、芝罘岛和八角口等近海水域，水深 20 米以浅，底质泥沙，流速小于 1 节。主要捕捞对象为鲅鱼、黄姑鱼、鲈鱼、梭鱼和带鱼等。渔期 4～12 月，一般以 9～11 月为旺汛（盛渔期）。

◆ **渔法**

落网捕捞作业过程主要有：①渔具设置。应选择在鱼类洄游的通道，潮流以往复流为主，流速小于 2 节，海底坡度较缓的沿岸水域。根据鱼群洄游方向和潮流情况，设置网圈的位置。网具布设呈"丁"字形，网墙由近岸边向外与主流向垂直，网门面向鱼群游来的方向。②起鱼。每天早、晚缓流时各巡网取鱼 1 次。逐步向里提起网衣，迫使网内的鱼向取鱼部集中，最后捞起渔获物。③解网。鱼汛结束，将网衣全部解下，并将铁锚和锚缆收到船上运回。

◆ **评价**

落网捕捞敷设网具较复杂，但捕捞操作比较简易，是较先进的作业方式。落网捕捞的渔获物产量相对较高、经济效益较好，作业水深较深。为保护和合理利用沿海鱼类资源，在使用时应控制网目大小。

地拉网捕捞

地拉网捕捞是在岸边或冰上或船上，曳行并拔收曳纲和网具，逐步缩小包围圈，迫使捕捞对象进入网囊或取鱼部的一类捕捞方式，又称大拉网捕捞。地拉网捕捞是用于内陆水域和沿海的岸滩、冰下的一种捕捞方式。前者又称明水大拉网捕捞，后者又称冰下地拉网捕捞。

◆ **简史**

地拉网捕捞历史悠久，古埃及就有地拉网捕捞作业。中国《诗经·卫风》中的"罛"，即地拉网捕捞。中国沿海渔民依此为生距今已有2000多年的历史。地拉网捕捞在国际上应用十分普遍，如日本茨城、德岛、北海道的沙滩海地拉网捕捞作业，尼日利亚的内陆水域地拉网捕捞作业，法国地中海沿岸的玉筋鱼地拉网捕捞作业，塞内加尔的小沙丁鱼地拉网捕捞作业，东南亚的文莱、马来西亚、菲律宾、越南等国家的各种类型地拉网捕捞作业。现地拉网捕捞已从手工拉网发展为机械化操作。

◆ **捕捞对象**

地拉网捕捞对象，内陆水域包括鲢、鳙、青鱼、草鱼、鲤、鲫、鳊和银鱼等，海洋中包括黄鲫、青鳞鱼、鳀、玉筋鱼、蓝圆鲹、沙丁鱼、丁香鱼、小公鱼、蟹和头足类等。

◆ **渔具**

地拉网捕捞作业所用网具有6种，即：①有翼单囊型地拉网。由网翼和一个网囊构成。其网具结构与有翼单囊拖网相类似，不同之处是有翼单囊地拉网的两翼较长且网囊较短。②有翼多囊型地拉网。由网翼和若干网囊构成的地拉网。在海洋渔业中，很少见到使用。在淡水渔业中使用较多，如中国松花江流域的多囊大拉网、中国长江流域的牵网（大塘网）等均属于该种地拉网。③单囊型地拉网。由单一网囊（兜）构成的地拉网。单囊地拉网有1个网囊和1个网兜两种类型。④多囊型地拉网。由1片背网衣和若干片腹网衣构成若干囊袋的地拉网。多囊地拉网其网衣是由 1 片较大的矩形背网衣和 4 片较小的长矩形腹网衣组成。 ⑤无囊型地拉网。由网翼和取鱼部构成的地拉网。中国海洋无囊地拉网可分为两类：一类是网具规格较大，其网具结构与无环无囊围网相似，由中间较高的取鱼部、两端较低的带状网衣和上、下纲构成；另一类是网具规格较小，其结构与单片刺网有些类似，是由矩形的单片网衣和上、下纲构成的矩形带状无囊地拉网。⑥框架型地拉网。由框架和网身、网囊构成的地拉网。在中国海洋捕捞生产虽有，但很少使用。用于江河、湖泊和水库的多为单囊型地拉网，其长度取决于收拉网具的能力和水域面积，一般长为几百米至两三千米，高为水深的 1.5 ～ 2.0 倍。用于沿海网具长度为 100 ～ 500 米，网目大小为 30 ～ 50 毫米。

◆ **渔船**

捕捞作业的渔船一般为木质小机动船，主机功率 8.95 ～ 14.9 千瓦，载重 15 ～ 20 吨，渔民 6 ～ 8 人。

◆ **渔法**

明水大拉网放网时，先将网具放成弧形的包围圈，通过拖曳，收拉网具两端曳纲，逐步缩小包围圈，直至将网具拉到岸边，边收取渔获物。可分船布式、穿冰式和抛撒式捕捞 3 种。①船布式捕捞。指利用渔船装载网具进行投放的一种作业方式。②穿冰式捕捞。在冰上凿洞，将网具放在冰下拖曳的一种作业方式。冰下地拉网主要在

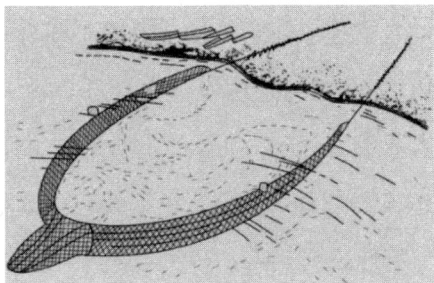

地拉网作业示意图

北方冬季的内陆水域或水库上使用（一种规格较大的有翼单囊地拉网）。在中国海洋渔业中是没有的。③抛撒式捕捞。将网具抛撒在河中、岸边、浅滩处，然后由两人或一人用手工进行曳网的一种作业方式。

◆ 评价

地拉网捕捞兼有围捕的性质，包围水面大小不一，操作相对较为简单，可捕捞各种游向岸边的鱼类。沿海的地拉网主要随涨潮捕捞小杂鱼和幼鱼，产量一般较低，经济效益较差。地拉网捕捞对渔场的地形条件要求较高，有的地拉网对渔业资源有一定的损害。为保护索饵的经济鱼类幼鱼，在季节上有所限制。地拉网捕捞是内陆江河、湖泊、水库捕鱼的主要手段，在某些旅游景点，地拉网也被开发成一个休闲渔业项目。

船布地拉网捕捞

船布地拉网捕捞是在放网时用渔船将网具从岸边向海上作弧形布网，在岸上收拉两端曳纲和网具捕捞渔获物的一种地拉网捕捞方式。

◆ 简史

船布地拉网捕捞方式历史悠久。中国河南省《水产志》记载，周代已有"罛"的渔具。《卫风·硕人》有"施罛濊濊，鳣鲔发发"，《毛传》中有"罛，鱼罟"，《尔雅·释器》中有"鱼罟谓之罛"，行疏："最大罟也"，说明当时已用地拉网（罛）捕鱼。清代沈同芳（1872～1917）在《中国渔业历史》中记载："以粗麻布拼成，横长数百丈，宽八丈，上有粗麻绳为纲，……用船下网……两端相去有远四、五里，每端各用二三十人，缓缓牵拖至岸……"，所述的似是大湖沿岸的地拉网作业，今沿海所用者与之大体相同。

20世纪50～80年代，中国南北方海区，如辽宁大连捕捞鳀鱼的无囊大拉网，渤海莱州湾东部主捕真鲷的大拉网，天津汉沽捕捞梭鱼的大拉网，河北抚宁捕捞黄姑鱼、梭鱼和乌贼的大拉网，山东在黄河口外1.5～3米水深处主捕梭鱼的带网（又称跑网、刮网），山东崂山捕捞鳀鱼、银鱼的无囊大拉网，山东海阳、即墨一带主捕虾类、梭子蟹的裙子网（又称虾网）。广东、海南、广西亦有该捕捞方式。一般只能在水深15米以内的沿岸水域作业。

◆ **捕捞对象**

船布地拉网捕捞主要应用于江河、湖泊、大型水库等内陆水域，捕捞鲢、鳙、青鱼、草鱼、鲤、鲫、鳊、银鱼等多种鱼类；海洋中较少使用，主要捕捞黄鲫、青鳞鱼、鳀、玉筋鱼、蓝圆鲹、海鲇等。网具规模较大，在内陆水域，有的网长5000米以上，网高30米，要求作业水面宽广，底形必须平坦。大型地拉网作业时劳动强度较大，参加作业人员较多（一盘网有多达70～100人），对操作技术要求熟练，渔工的分工要求明确。

◆ **渔具**

船布地拉网捕捞渔具主要有有翼单囊、无囊和多囊3种。有翼单囊地拉网由两个较长的网翼和一个网囊组成，是地拉网中数量和分布最多最广的一种。网具规格与作业水域有关，有的长达数千米，有的仅100米左右，高度随作业水深而定。无囊地拉网由长带形网翼和取鱼部组成，取鱼部一般在网翼的中部，也有设于一端的。网具规格大

小不一，一般长 50 ～ 800 米，高度随作业水深而定。多囊地拉网（又

称百袋网）呈长带形，底部
装有许多小囊袋，袋口装有
铁质沉子，网具长度一般 10
多米，作业时将若干片网联
成一列在水中拖曳（图1）。

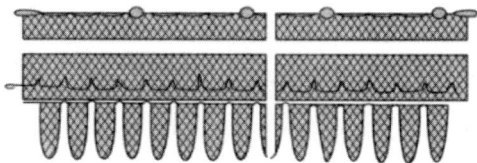

图 1 　多囊地拉网结构示意图

◆ 渔船

船布地拉网捕捞是在近岸、水域宽阔、底质平坦的浅水区域作业，
对渔船和捕鱼设备要求不高。一般使用主机功率 8.8 ～ 15 千瓦的小型
机动渔船或非机动渔船，载重 15 ～ 20 吨，每船配备船员 6 ～ 10 人，
船上无专门的渔捞装备。较大型的地拉网，在岸边设有绞拉设备收绞曳
纲和网具。

◆ 渔法

船布地拉网捕捞作业是根据渔
场和鱼群特征确定布网形式后开始
布网（图2），一般有全面包围（用

图 2 　船布地拉网捕捞方式示意图

于小水面的一次围捕）、平行岸坡包围（围捕固定渔场）和垂直岸坡（拦
截沿岸通过的鱼群）3 种形式。

按渔船数量可分为单船、双船和多船 3 种布放网方式，以前两种常
见：①单船放网。先将前曳纲端系在放网点的岸上，渔船载着网具，按
预定的打围圈，顺次放出前曳纲、前网翼、取鱼部或网囊，后网翼和后
曳纲，再回到另一岸点。接着在岸上用绞机受绞两边曳纲、网翼，并渐

次向中间靠拢，最后取上网囊和渔获物，至此一次作业完毕。②双船布放网。两船分载网具，驶至离岸一定距离处（约相当曳纲一边的长度），而后两船相靠，将网具联结起来，接着各按预定的计划包围鱼群，各自放出网具和曳纲，同时驶回岸边，再如单船作业形式起网。该放网形式多使用于湖泊、水库等不固定的渔场。

◆ 评价

船布地拉网是一种传统的作业方式，在海洋中主要捕捞洄游至近岸的鱼类，渔场范围和资源条件受到一定的限制，加之网目尺寸较小，对近岸渔业资源的保护不利，在海洋中使用日趋减少。但有的海边和内陆水域将该捕捞方式引向为休闲渔业之一，具有一定的发展前途。

冰下地拉网捕捞

冰下地拉网捕捞是在冰封水域凿开冰层，利用大拉网进行捕鱼的一种作业方式，又称穿冰式地拉网。

冰下地拉网捕捞作业常见于高纬度地区的湖泊、江河、水库，主要捕捞鲢、鳙、青鱼、草鱼、鲤、鲫等。冰下地拉网捕捞要求水底无障碍物、冰层强度可承受作业人员和机具压载。中国、俄罗斯和北欧国家都有这种作业。中国黑龙江、吉林、辽宁、内蒙古、河北、山西等地，作业时间一般为 11 月到次年的 3 月。

◆ 沿革

早在 1600 年前，中国的北室韦（黑龙江渔猎少数民族）就有"凿冰没水中，而网取鱼鳖"的记载。辽代出现"凿冰为窍，即垂钓杆"的"凿冰钩鱼"活动。19世纪初，黑龙江和辽宁等地出现冰下地拉网捕鱼；20世纪40年代末，内蒙古、河北、陕西、山西北部等地区相继采用；50年代开始，冰下地拉网捕捞逐步机械化，绞网机代替人、畜力绞网，穿索器代替人力走杆、钻冰机代替人力打凿冰眼，大大提高了劳动效率；80年代开始，陆续实施机械化操作。21世纪初，穿索器采用遥控装置。20世纪60年代以后，由于江河污染自然鱼源衰退，少数国有大型水产养殖场仍有该种作业。吉林松原查干湖冬季捕捞节和新疆福海乌伦古湖冬季捕鱼节均采用这种作业方式。

◆ **渔具**

冰下地拉网捕捞的渔具主要有网具、钻冰机、穿索器和起纲机械等。

网具

中国使用的网具多为单囊两翼地拉网，长度300～2000米，浅水区使用的网口高度一般为4～5米，水库中使用的网口高度可达15～20米。芬兰的冰下地拉网大多是无囊的，作业水深在6米左右，网具长度为280～330米，网高为6～15米。

钻冰机

冰下捕捞必须打冰孔，原始方法是用装有木棍的尖头钻柱，由人工打开冰孔。现采用的钻冰机有机械传动和液压传动

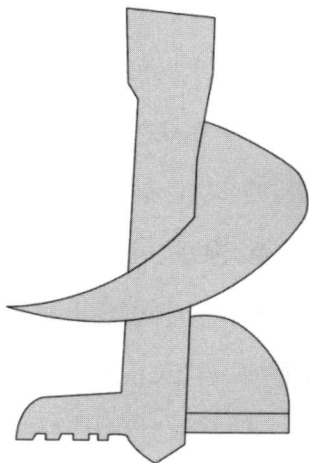

钻冰机钻头示意图

两种，前者可由拖拉机提供动力带动钻杆旋转和升降，后者可由工程翻斗车驱动液压马达带动钻杆旋转和升降。钻冰机钻头钻孔深度可达80 ～ 170 厘米，直径可达 25 厘米。钻冰机也可安装于雪橇上，由拖拉机牵引。

穿索器

起初，人们用穿竿和走竿钩。穿竿一般长 10 ～ 33 米，由竹竿或木竿配以扁钢制成。走竿钩为铁头木柄。现已采用穿索器在冰下通过引绳带动大拉网前进。其外形有的似小艇的密封壳体，内装有直流电动机驱动的螺旋桨，以推动在水下行进。机上装有信号发生器，作业人员可持接收器在冰面上跟踪。每当穿索器行进 100 米左右时，便在相应的冰面上凿孔，并抽出其尾部所系水线绳，绞拉网具。这种类型的穿索器因行进方向不能控制，尾部拖带供电电缆，故操作不便。另一种载频制导型穿索器为玻璃钢制成的纺锤形密闭容器，冰面上作业人员可通过发射器发射载频信号，操纵穿索器螺旋桨直线行进，并及时纠正方向。

起纲机械

有绞纲机和起网机，可通过汽车或拖拉机的输出轴驱动进行工作。

◆ 渔法

冰下地拉网捕捞作业是根据冰下鱼类栖息行为特点和积累的捕捞经验预先找好作业场地，将标志小旗插于下网口、出网口和挂角处。网具呈六边形包围，下网口设置在深水处，出网口设置在浅水处。在作业场冰面上 800 ～ 2000 米直线的两端分别开凿 2 米 ×1.5 米的下网口和出网口，

然后在直线两边连接下网口和出网口的曳网轨迹上各开凿一系列直径约
25 厘米的冰孔，相邻两孔间的距离以穿杆或穿索器的一次行程长度来确
定，通常为 30 ～ 100 米。曳行宽度约 500 米（最大跨距不得超过网具总
长的 80%）。运用传统方法作业时，两根穿杆分别通过水线绳和钢丝绳
与大拉网两端连接，然后将穿杆及大拉网等通过下网口放入冰层下的水域。
两根穿杆在走竿钩的帮助下，各自沿着预定曳行轨迹逐个冰孔前行。钢丝
绳在穿杆引导下，并通过绞盘的绞拉带动网具在水下展开和逐步扫过水域
捕鱼，最后两根穿杆连同网具从出网口由绞盘绞出，并收取网中的渔获物。

◆ 评价

冰下地拉网捕捞是中国北方冬季内陆冰下捕鱼主要捕捞产式，具有
围捕面积大、产量高、渔获鲜度好等优点。但渔获方式成本较高，所需
劳动力较多，易造成亏损。吉林松原查干湖和新疆福海乌伦古湖的冰下
地拉网作业已形成独特的冬季捕鱼节。

拖网捕捞

拖网捕捞是用单船、双船或多船，拖曳由网翼和网囊组成或无网翼
的网囊形网具捕获鱼虾等的作业方式，是渔业捕捞生产中重要的捕捞方
式之一。

◆ 简史

早在 10 ～ 14 世纪时，在欧洲北海渔场上已普遍使用拖网捕捞生
产。12 ～ 14 世纪时，日本等亚洲国家也已使用拖网捕鱼。1688 年，英

国已出现风帆船桁拖网，后来传至法国、荷兰和德国。1865 年，法国首先使用蒸汽机渔船拖曳桁拖网，并用绞车绞收网具。1894 年，苏格兰人 J.R. 斯科特发明直结式网板拖网，取代了早期的桁拖网。1919 年，日本首先以柴油内燃机渔船进行双船拖网作业，并解决了动力起网问题。1924 年，法国人 R.L. 达尼埃卢和 J.J. 费尔赫芬进而发明在手纲和网板之间连接一根手纲的网板拖网，并将发明专利转让给法国维纳隆达尔公司，称为"VD 式网板拖网"，成为世界单船拖网作业的主要形式。20 世纪 30 年代初，先后开始试验单船和双船中层拖网作业。1948 年，丹麦人 R. 拉森试验双船中层拖网获得成功，并在其他国家推广发展。1954 年，单船尾滑道拖网作业方式在英国获得成功，开创了现代大型拖网作业的时代。1962 年，德国单船中层拖网试捕鲱鱼获得成功，促进了海洋捕捞从近海向远洋发展。

早在 18 世纪 20 年代，中国广东陆丰一带已有拖网捕捞作业。19 世纪 70 年代，在汕尾一带已有桁拖网捕捞作业。20 世纪初，先后引进了蒸汽机渔船和内燃机渔船从事拖网作业。20 世纪 70 年代末，开始建造尾滑道拖网渔船。中国拖网捕捞作业渔场已从近海向远洋发展。

拖网捕捞主动灵活，能捕捞水域的中上层和底层的鱼、虾、蟹等，仍是海洋捕捞渔业的主要作业方法。但底拖网渔具因对渔场底质和生态环境的负面影响大，有关国际渔业组织已采取措施加以限制，甚至予以禁止，中国已将其纳入过渡渔具管理。

◆ 渔具

由网翼、网盖、网身和网囊组成。按网身和网囊结构，可分为"二片式"和"多片式",前者由上下两片网衣缝成,后者由多片网衣缝成,或由手工编织而成的"圆锥形"。中国近海传统机轮底拖网为二片式结构;按网囊数量,可分为由网身和单一网囊构成的"单囊型",常用于中层和底层拖网;也有由网身和若干网囊构成的"多囊型",常用于大型湖泊;历史上中国浙江和福建沿海亦均有分布,有的设置囊网100个以上,又称"百袋网",现在福建漳州仍有使用。专门捕虾的桁拖网由桁杆或桁架、网身和网囊构成,中国近海的捕虾桁拖网一般有2个或多个网囊。

◆ 渔法

拖网捕捞方式主要有以下4类。

单船拖网捕捞

使用1艘渔船拖曳1顶网具进行捕捞的作业方式。以底层作业为主,多用有翼拖网渔具。一般有1个网囊和2个网翼,网翼前端装配有可使网口水平扩张的网板,网具上、下纲分别装配可使网口垂直张开的浮子和沉子。放网时,渔船慢速前进,待网具逐步从船上放出后,再按一定的速度前进,通过固定于渔船上的纲索拖动网具在海底移动,以达到捕捞底层鱼类的目的。单船拖网维持网口扩张方式除网板拖网外,还有桁杆拖网和框架拖网。按作业方式单船拖网捕捞可分为:①尾拖网捕捞。网板架置于船尾两侧,操作甲板位于船尾部。21世纪以来,世界上多采用此种作业方式,可用于近海,更适于在远洋深海渔船作业,成为现代化拖网捕捞的主要作业方式。②舷拖网捕捞。网板架置于船舷同一侧,起、放网一般在右舷操作。因操作安全性差,20世纪50年代中期以后逐步淘汰。③双支架拖网捕捞。船侧两边有撑竿或支架，拖曳多顶网具。是世界捕虾拖网的主要方式。④桁拖网捕捞。以桁杆或框架维持网口扩张，主要用于捕捞近海虾蟹类。

双船拖网捕捞

以两艘性能相同的渔船拖曳 1 顶网具的作业方式。大多使用有翼拖网进行底层作业。双船拖网渔具的 2 个袖翼不装配网板，靠调整两船的间距以保持网口的水平扩张。作业时由 1 艘船将所载网具放入水中，网具的 2 根曳纲分别由两船系带，两船保持一定间距（一般为 400 ～ 500 米），等速并行，拖曳网具前进。此种作业方式因所放出的曳纲长度数倍于水深，故只适于在近海水深 100 米左右的渔场作业。又因作业时两船须相互配合，故在大风浪中作业有一定的困难。

底层拖网捕捞

以栖息于水域底层或近底层的水产经济动物作为捕捞对象，通过单船或双船拖动网具，其下纲应在水底运行而捕捞。底层拖网捕捞适用于底质较为平坦、水域宽广、风浪和潮流相对平缓的渔场。世界重要的底层拖网渔场有欧洲的北海、地中海沿岸，非洲西部沿海，阿拉伯海，孟加拉湾，澳大利亚和新西兰沿岸，鄂霍次克海，白令海，纽芬兰沿海，墨西哥湾和圭亚那沿海，阿根廷的巴塔哥尼亚近海等。中国沿海也是底层拖网的常年作业渔场。

中层拖网捕捞

采用单船或双船拖动网具在水域的中层进行捕捞。操作技术分别与单船底拖网或双船底拖网捕捞相似。但其网具一般无网翼或网翼较短，可减少网具阻力，增加拖速。网口略呈方形或矩形；网具下方除装有沉子外，有的还装有重锤等沉降装置，以扩大网口垂直张开尺度和保持网具在水中的位置。此种作业不受水层和底质的限制，可通过调节曳纲长度或拖速来调整网具的作业水层。

单船底拖网捕捞

单船底拖网捕捞是由一艘渔船拖曳一顶网具捕捞底层及近底层水产经济动物的一种捕捞作业方式。

世界拖网渔获量主要是用单船底拖网捕获的，以日本、俄罗斯、英国、法国、德国、波兰、加拿大等国较发达。中国的单船底层拖网作业主要分布在南海和东海南部。中国在西非近海的过洋性渔业也有此种作业方式。按作业方式，单船底拖网捕捞可分为桁杆拖网捕捞、舷拖网捕捞、尾拖网捕捞和双支架拖网捕捞。其中以尾拖网作业数量最多，分布最广。①桁杆拖网捕捞。又称桁拖网捕捞。由一艘渔船拖曳一顶或数顶具有桁杆或桁架的网具作业。②舷拖网捕捞。起、放网一般在右舷操作，也可分别在左右两舷轮流作业。拖网时两根曳纲并锁在船舷一侧尾部的束锁内。网具规格较小，拖速较快，是20世纪30年代盛行的单船拖网作业。苏联、西欧各国、日本和中国等均有使用。因该作业在操作过程中安全性较差，50年代中期以后，逐步被尾拖网作业代替。③尾拖网捕捞。在单船的船尾左右两侧拖曳一顶网具，主要操作均在船尾部甲板进行，是沿海国家单船拖网作业的主要方式。既可在近海作业，也适用于远洋深水作业。世界大型远洋拖网作业均属此种。④双支架拖网捕捞。

每船拖两顶网具的单船底层拖网的操作方式。渔船两侧向舷外伸出两根可以转动的撑竿，各曳带一顶网板拖网，网具规格小，多为四片式结构。两网板之间连有一根铁链，以惊扫栖息海底的虾类，是世界虾拖网作业的主要方式。1985 年起，中国在西非作业船队中已推广使用这种作业。

◆ **渔具**

单船底拖网捕捞的网具为一囊两翼网结构，由网翼、网盖、网身、网囊 4 个部分组成。按构成网身的网衣数量又可分为两片式、四片式、六片式、多片式等类型。两片式结构指网身由背、腹两片网衣缝合而成。如果在两片式的背、腹网衣两缝合边的网口附近各插进一片三角网衣，即成为四片式结构。以此类推可得六片式、八片式等。网口上下边缘装配上纲、下纲，并分别结缚浮子、沉子，以使网口在拖曳过程中能上下正常张开，网具左右扩张靠网板的扩张力。20 世纪 60 年代起，网衣材料均已使用合成纤维，其中尤以乙纶为最普遍。网具规格一般以网口网衣拉直周长、网衣纵向拉直全长和结缚网衣的上纲长度 3 项主尺度表示。中国广东沿海地区 300 总吨渔船使用的网具，网口网衣拉直周长约 150 米，网身纵向拉直全长为 50 ～ 60 米，结缚网衣的上纲长度约 30 米。

◆ **渔船**

单船底拖网捕捞渔船要求有足够的拖力、拖速及良好的拖向稳定性，在船尾左右两侧各设有一个网板架供系挂网板。现有渔船大致可以分为 3 类：①近海拖网渔船。一般在 500 总吨以下，主机功率 147 ～ 735 千瓦，自由航速 9 ～ 12 节，船体总长 30 ～ 45 米。备有必要的助渔导航仪器。渔获物处理以冰鲜为主，有的也有冻结设备。绞纲机拉力 6 ～ 12 吨，绞拉速度 80 ～ 100 米 / 分。②中型拖网渔船。一般为 500 ～ 1500 总吨，主机功率 1102.5 ～ 1837.5 千瓦，自由航速 13 ～ 15 节，船体总长 45 ～ 70 米。备有较齐全的助渔导航仪器。渔获物处理以冻结为主，有的装有制造鱼粉设备。绞纲机拉力 10 ～ 15 吨，绞拉速度 80 ～ 100 米 / 分。③大型远洋拖网加工渔船。一般为 2000 ～ 5000 总吨，主机功率 1837.5 ～ 5145 千瓦，自由航速 14 ～ 16 节。船体总长 90 ～ 110 米。备有齐全的助渔导航仪器。不仅续航和制冷能力强，且有制造鱼粉和鱼片的设备。绞纲机拉力 20 ～ 50 吨，绞拉速度 80 ～ 120 米 / 分。

◆ 渔法

起、放网操作分放网、拖曳和起网 3 个过程。渔船在到达渔场发现鱼群后，应慢速前进先将网具放入水中，待拖网充分张开后，再快速前进投放网板。为防止网板在水底倾倒，在松放曳纲过程中应时放时停，曳纲放出长度为渔场水深的 4 ～ 6 倍。正常情况下应保持 3 ～ 4 节拖速。每一网次的拖网时间为两三个小时。起网时渔船微速前进，依次绞收曳纲、网板和手纲，最后绞起拖网网翼，并顺次起吊网身和网囊，倒出渔获物，同时准备再次放网。根据船上保鲜和加工设备条件进行渔获物处理。整个捕捞操作循环往复，昼夜连续进行。

◆ 渔场

单船底拖网作业渔场要求海底比较平坦，无明显的障碍物，底质以泥、沙泥为宜，流速不宜过快。主要作业渔场广泛分布于大陆架水域，个别在大陆斜坡水域，其中著名的渔场有北太平洋白令海狭鳕渔场，加拿大大西洋一侧的鲱鱼渔场，欧洲北海和波罗的海的鲱鱼渔场，澳大利亚、新西兰附近的外海渔场，阿根廷中南部的巴塔哥尼亚渔场，非洲西北部渔场等。

双船底拖网捕捞

双船底拖网捕捞是由两艘性能相同的渔船共同拖曳一顶底层拖网渔具的一种拖网捕捞作业方式，又称对拖捕捞、双拖捕捞。

简史

早在 16 世纪，中国浙江沿海渔民已从事近似于双船底拖网捕捞的大对网捕捞，到 17 世纪末已发展到一定的规模。1728 年，广东沿海渔民将内河船改为外海拖网船，发展成以风帆为动力的双船拖风网捕捞。到 19 世纪后期，山东沿海一带也出现了另一种风帆双船裤裆网捕捞。1921 年，中国从日本引进两艘 22.05 千瓦的底拖网渔船后，开始发展机动船双船底拖网捕捞，1936 年已达 230 多艘。抗日战争时期，中国绝大多数渔船被毁于炮火。从 20 世纪 50 年代起，中国开始批量建造机动双拖渔船及拖网兼作围网的混合式渔船。1958 年，机动船双拖网捕捞的网具由原来的四片式手操网型改为两片式尾拖网型。70 年代末，又批量制造尾滑道双拖渔船，同时在全国范围内推广大网目拖网（疏目拖网），使双船底拖网渔业发展到新的水平。

除中国外，其他国家双船底拖网捕捞最早出现于西班牙。17 世纪末，西班牙渔民在地中海进行以风帆为动力的双船底拖网捕捞。1919 年，日本岛根县首先以柴油内燃机渔船进行双船底拖网捕捞，并使用了动力起网操作。1920 年，西班牙部分双拖网渔船已改用蒸汽机为动力，后又推广柴油内燃机渔船。

◆ **渔具**

双船底拖网渔具由两网翼和一网囊组成，网衣部分可分为网翼、网盖、网身和网囊。网口和网翼的上下边缘分别装有浮子纲和沉子纲，通过空纲和曳纲相连。浮子纲上装有浮子，沉子纲装有沉子、滚轮等。

◆ **渔船**

20 世纪 50 年代，双船底层拖网捕捞作业以近海为主，渔船总吨在 100 总吨以下；60 年代后，渔场向外拓展，渔船趋向大型化，总吨超过 150 总吨，功率 700 多千瓦。中国渔民的拖网渔船在 100 吨左右，主机功率 183 千瓦，机轮为 200 总吨，441 千瓦。

◆ **渔法**

根据渔船甲板布置特点，双船底拖网捕捞作业可分为前甲板操作和后甲板操作（包括尾滑道操作）两种方式。20 世纪 50 年代以前，主要采用前甲板操作方式；60 年代后，除小型渔船外，多数已采用后甲板操作方式。两种操作方式的起、放网过程基本相似。渔船到达渔场后，先由放网船投出网囊，当网具全部下水并在海面正常张开后，带网船向放网船靠拢，将曳纲一端送给放网船，然后两船各向外转 45°快速航行松放曳纲（放出长度为作业水深的 10 ~ 15 倍），曳纲放完后，两船按预定拖向和一定的拖速转向平行拖曳。拖曳时间一般为两三个小时。起网时，两船靠拢，带网船将曳纲另一端送回放网船，由放网船收绞两曳纲。两网袖绞上甲板后，用吊杆或龙门架上的起吊设备将从舷侧或尾滑道将网身逐段吊上甲板，最后将网囊从舷侧吊进或通过尾滑道拖上甲板。

◆ **渔场**

双船底拖网捕捞作业一般在水深 200 米以浅的海域进行，海底无明显障碍物，比较平坦。中国主要渔场在黄海、东海和南海北部。日本、朝鲜、韩国的该作业亦以东海和黄海为主。西班牙、波兰、俄罗斯等国以地中海和巴伦支海为主。澳大利亚北部沿海的大陆架、非洲的摩洛哥沿海及波斯湾等海域，也都是双船底拖网捕捞作业较好的渔场。双船底拖网捕捞作业主要捕捞底层或近底层鱼虾类等。

双船底拖网作业示意图

◆ **前景**

因双船底拖网捕捞作业过程中网具的沉子纲必须紧贴海底，才能确保渔获量，由此必然会破坏生态环境，造成有关渔业资源衰退。现有关国际管理组织已要求控制该作业规模或予以禁止。在中国，双船底拖网捕捞作为过渡渔具管理。

多船底拖网捕捞

多船底拖网捕捞是由多艘性能相同的渔船拖曳一顶网具捕捞鱼类及其他水产经济动物的捕捞方式，是拖网作业方式的一种。

多船底拖网是在双船拖网的基础上发展而来。随着捕捞对象的变化、捕捞对象游速的提高，以及捕捞水域水深的加深等，需要更高拖速、拖曳更大规格的拖网，但因单艘渔船或外挂机渔船的功率受到限制，因此多船底拖网捕捞应运而生。

多船底拖网捕捞作业主要在湖泊等内陆水域开展，捕捞对象主要为翘嘴红鲌、鲢、鳙、鲤等。

多船底拖网捕捞作业多采用功率约为 8 千瓦的外挂机渔船，也有部分渔船使用双机。渔船尺度约在 10 米。多船拖网捕捞使用传统拖网网具，由一网囊、网身和两网翼组成。网目尺寸一般在 10 ~ 30 毫米，网口拉直周长约在 30 米，网具总长 15 米。下纲多数采用石头或铁链作为沉子。由于仅在内陆湖泊有少量渔船从事该作业，渔具基本无大的变化。

多船底拖网的捕捞方法与普通拖网基本一致，区别在于使用 4 艘或以上渔船进行拖曳。该捕捞方式能解决小型渔船动力不足的问题，但随着渔船主机功率的增大，多船底拖网趋向于淘汰。

扒拉网捕捞

扒拉网捕捞是由一艘渔船拖曳一顶或数顶具有桁杆的无翼浅兜状网具，在地形平坦的泥底或泥沙底浅海海区开展的一种小型桁拖网捕捞作业方式，又称扒网捕捞。扒拉网捕捞作业以捕捞虾类为主，兼捕蟹、螺、贝类和底层小杂鱼等。

◆ 简史

在中国，距今 200 多年前的清代，天津塘沽渔民开始在渤海西部沿海使用扒拉网捕捞对虾。20 世纪 50 年代，一些地方为防止网内被捕的对虾反弹逃出，开始加装倒网帘和三角网。60 年代以后，传统对虾扒拉网数量逐渐减少。1982 年，中国河北秦皇岛改进该网具结构后捕捞玉螺，当地称为玉螺扒拉网。21 世纪初，辽宁改进网具后捕捞口虾蛄和虾类，当地称为轳辘

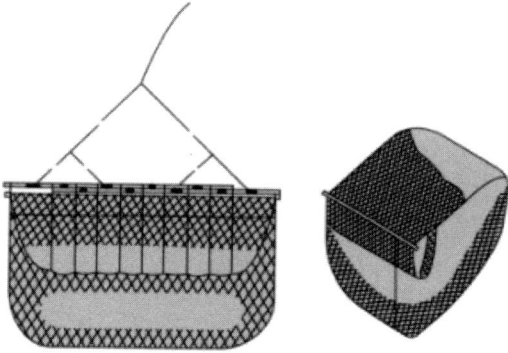

对虾扒拉网网具结构示意图

网。扒拉网捕捞拖速慢，网口低，对幼鱼资源损害较少，但由于渤海秋捕对虾已多采用流刺网作业，加之扒拉网渔具规格小、捕捞效率低，扒拉网及其作业方式已逐渐被淘汰。捕捞螺类、口虾蛄、蟹类和底层小杂鱼等的扒拉网亦由其他桁杆拖网或框架拖网取代。至21 世纪，该网具仅有少量作业或用于虾类调查取样。

◆ 渔具

扒拉网捕捞的网具略呈矩形浅兜状，由倒网帘、网背、网腹和两三角网组成。网口上方装有若干向后上方折卷的兜状倒网帘。网背前部网衣结缚于桁杆，桁杆长 6 ～ 8.5 米，保持网口张开；下纲装若干个元宝形铸铁沉子或铅沉子，纲两端与桁杆连接，下纲与桁杆之间联结若干根吊纲，桁杆两端结两根内叉纲及一根外叉纲，外叉纲再连接曳纲。网具结构针对性很强，效果好且简便易行。

◆ **渔船**

扒拉网捕捞一般采用木质渔船，船长 20～25 米，总吨 30～40 吨，主机功率 44.1～88.2 千瓦。左右两舷撑竿长 6～10 米，不作业时可收起，靠在左右舷侧。作业人员 3～5 人。

◆ **渔法**

扒拉网根据对虾受惊扰后向后上方弹跳的习性，在网背前缘装设倒网帘，在拖曳过程中，使弹跳的对虾沿网背罹入网帘内而达到捕捞目的。通常一船拖网 3～7 顶，左右两舷撑竿各拖 1～3 顶，船尾拖 1 顶网。以一船拖 5 顶网为例，放网时先将撑竿两端伸出舷外的两顶网同步投放，然后放出次外侧的两顶网，最后从船尾放出中间的一顶网。中间网较两舷网的曳纲约短 10 米（有的中间长）。曳纲放出长度为水深的 3～4 倍。一般是顺流拖网，风大时则顺风拖网。拖曳作业中不宜急转弯。起网时先起中间网具，后同步绞收两舷的网具。

◆ **渔场**

扒拉网捕捞对虾的渔场主要在中国渤海西部，辽宁沿海亦有少量分布。捕捞对虾渔期为 9 月上旬至 10 月上旬，捕捞玉螺渔期为 4～5 月，捕捞口虾蛄渔期为 3～5 月和 9～11 月。

抄网捕捞

抄网捕捞是以兜（袋）状网具抄捞或推移进行的一种传统小型捕捞方式。抄网也是其他捕捞过程中的副渔具，可从围网、敷网等网内捞取渔获物等。

世界各国内陆水域和沿海均有该捕鱼方式，主捕小型鱼虾类，但应加强管理，控制网目大小，保护渔业资源。

◆ **渔具**

抄网捕捞的渔具通常由网兜、框架和手柄组成。框架呈三角形、圆形和椭圆形等。按结构可分为推移式抄网和抄捞式抄网两种。推移式抄网的兜形网具固定在三角形框架上，其框架由两根各长 3 米左右的竹竿交叉，并用 1 或 2 根横向短竿扎成等腰梯形。网呈兜状，网衣用锦纶线编结，网目大小一般为 20 ～ 25 毫米。抄捞式抄网的框架一般用钢管制成圆形，大多数具有竹、木或钢管柄，也有无柄的。规格大小相差较大。大型有柄抄网框架用直径 25 ～ 45 毫米钢管制成，外径 1 ～ 1.5 米，柄长 3 ～ 4 米；竹、木柄粗端直径约 70 毫米，钢管柄直径 50 ～ 60 毫米。网衣为圆筒形，网目大小为 40 ～ 60 毫米，网筒长度为 1.5 ～ 2.0 米，用锦纶线编织。网具下端周围结附一定数量的小铁环，内穿 1 条绳索，用于拉开网衣卸渔获物。框架装有 2 根叉纲与吊索相连，可用绞机或人力抄捞网中的渔获物。无柄抄网规格最大，是围网作业主要辅助渔具，抄捞量也大，每次可抄捞 1000 ～ 1500 千克。其框架一般用直径 50 ～ 60 毫米钢管制成，外径 1.5 ～ 2.0 米，其结构与大型有柄抄网相似。小型抄网框架直径 250 ～ 500 毫米，装有长 3 ～ 4 米的竹柄，网衣呈兜状，网筒长度约 0.5 米，网目大小为 20 ～ 30 毫米，用锦纶线编织。

◆ **渔法**

抄网捕捞按其结构和作业方式可分为：①手推推移兜状抄网（图

1）。手持抄网的长柄，推移抄捕鱼虾类和头足类等。捕捞鱿鱼和乌贼时，于夜间用灯光、撒饵诱集后抄捕。②舀取推移兜状抄网（图2）。用2支竹竿交叉扎成三角形框架，装网衣形成浅囊。退潮后由作业者涉水，或者踩高跷在2～3米水深带作业（江苏赣榆）或者驶小船在船首推网作业（浙江象山），捕捞小型鱼、虾类。③船推推移拱网（图3）。一艘渔船在近表层拖曳类似一船两网作业的船张网，主要捕捞虾类和小型鱼类，分布于山东沿海。亦有将袋（兜）形网具固定在三角形或矩形框架上，作业时框架网具布设于船头，或设置于渔船中部左右两舷侧的横杆上，依靠渔船动力推进捕鱼入网，主捕小型鱼虾类。作业时一般顶流带网，速度1～1.5节，2小时起网1次。起网时停车，拉上起网绳，将网囊起到船上，倒取渔获物。

图1 鱿鱼抄网作业示意图（广西北海）

图2 毛虾推网作业示意图（山东胶州）

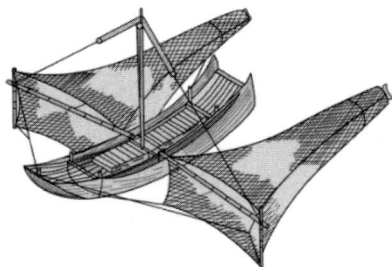

图3 拱网（船推式兜状抄网）作业示意图（山东沾化）

笼壶捕捞

笼壶捕捞是采用设置有防逃倒须的笼状或壶状器具，诱捕具有穴居习性的头足类、虾蟹类，以及某些鱼类的捕捞作业方式。

◆ 简史

笼壶捕捞是人类古老的作业方法之一。《诗经·齐风》中有"敝笱在梁，其鱼鲂鳏"。笱就是一种口部装有倒须的捕鱼竹笼，放置在鱼类洄游通道上，鱼类进入后不能逃出。传统的笼具一般用竹篾编制或木材料制成，现有的用金属丝扎成，框架可镀塑或不镀塑，外包聚乙烯网衣也比较普遍。壶具已大量使用注塑成形器具替代陶土烧成的罐壶或螺壳。中国近海蟹笼作业于 20 世纪 80 年代初兴起，90 年代得到发展。90 年代后期，浙江岱山的蟹笼结构由单个刚体改进为折叠式，渔船安装了专门的蟹笼起吊设备和投放机，单船携带笼具数量成倍增加，但因其捕捞效率不高停止使用。21 世纪初，中国山东从韩国引进了注塑成形的鳗鱼笼，因操作简单，资源选择性强，经济效益好，逐渐成为胶州市的主要作业方式之一。而 20 世纪末出现并在 21 世纪初大量使用的小网目长串式倒须型折叠笼（称为地笼），对渔业资源养护造成了极大威胁，引起各方关切。为保护渔业资源，笼具需规定最小网目尺寸。

◆ 渔具

笼壶捕捞的渔具一般是兼作或副业生产的地方性小型渔具，结构形式众多，大小尺寸视捕捞对象的习性而定。按结构可分为倒须型和洞穴型两种。①倒须型。一般是腰鼓形、圆筒形、截锥形、长方形，或不规则形等的筒体，两端入口处内有漏斗形防逃装置的渔笼。传统采用竹篾、木条编成，现已用塑料制品或钢质框架外附网衣制成，如中国的黄鳝笼、乌贼笼、梭子蟹笼、鳗鱼笼等。②洞穴型。主要用于捕捉章鱼，一般采用废弃的陶罐、大的螺壳，也有用塑料或水泥等制成的管状器具，一端封闭、入口处无防逃装置，如广西的章鱼煲、山东的章鱼罐（当地称"古娄"）和河北的章鱼螺壳（当地称"八带鱼挂子"）等。按捕捞对象不同，有乌贼笼、蟹笼、鳗鱼笼、黄鳝笼、章鱼笼、章鱼杯和章鱼罐等。

◆ **渔法**

笼壶捕捞方法因捕捞对象而异。有的将笼壶联结缚于桩上，敷设在捕捞对象活动的水域，利用潮流作用诱捕鱼类（如鲚鱼篓等）；有的利用捕捞对象喜钻穴及走触探究行为，引诱入笼而捕获（如章鱼螺、短蛸罐等）；有的在笼内装饵，吸引捕捞对象入笼被捕（一般的虾、蟹和鱼笼）；有的利用捕捞对象在繁殖季节觅求产卵附着物、寻求配偶等行为，诱其在笼内集结，而达到捕获目的（如乌贼笼等）。

笼壶捕捞作业渔具按敷设方式有两种：①单个分散放置，称为散布。②一条干绳下挂多个笼壶，称为延绳。前者固定不能漂流，后者可固定或漂流。笼具捕捞一般多为延绳式敷设，即在一根干绳上等距离通过支绳（线）连接笼具，干绳用聚乙烯或聚氯乙烯绳，直径 12～18 毫米，长度根据渔船大小和作业笼具数量而定，每隔一定距离系结一个浮标，每条干绳系结笼具 30～100 只。有的通过浮标绳将单个笼具悬敷于水中。在内陆水域也有将笼具直接散布于水中开展作业。延绳式作业是当潮流较缓慢时，使用小型机动渔船投放笼具，使干绳与潮流流向垂直。有的用锚或沉石将干绳固定，有的干绳可随水流漂移。缓潮时顺流边收绞干绳收笼取渔获物，边将笼具再次放入水中继续作业。

◆ **渔场**

美国、加拿大、苏格兰、法国、德国、日本和韩国等国，以及非洲沿海和东南亚各国都有笼壶捕捞作业。笼壶捕捞作业多用于浅海，内陆水域也有使用，尤其适合地形复杂的水域，如近海礁石附近。主要捕捞对象，中国内陆水域有鲤、鲫、乌鳢、鳜鱼、鲇鱼、黄鳝、虾、蟹等，海洋中有章鱼、三疣梭子蟹、海鳝、海鳗、乌贼、螠、黄螺等，分布于辽宁、山东、江苏、浙江、福建、广东和广西等省、自治区的沿海。历史上乌贼笼渔获量较高，21世纪以来蟹笼渔获量较高。

漂流延绳笼壶捕捞

漂流延绳笼壶捕捞是渔船携带一条挂接有多个笼具或壶具的干绳顺流漂移进行捕鱼的一种笼壶捕捞作业方式。

漂流延绳笼壶捕捞作业方式较少。广东的漂流延绳弹夹笼，当地称为蟹夹、蟹拍，是21世纪初期发展起来的渔具，主捕锯缘青蟹、远洋梭子蟹等。现行渔具管理规定最小网目尺寸为25毫米。

◆ **渔具**

漂流延绳笼壶捕捞作业渔具由弹夹笼、干绳、支绳、浮标、浮标绳、沉石等构成。弹夹笼基于鼠夹原理开发，具有陷阱、笼和敷网类渔具的综合性能。弹夹笼为一直径4毫米铁条制成的框架，底面正方形（边长

355 毫米），外蒙网目尺寸为 40 毫米的聚乙烯网衣。触发前为平面状，触发后为五面体。

◆ **渔船**

漂流延绳笼壶捕捞作业时使用平底玻璃钢艇，船长 5.8 米，装配 1 台 3 ～ 4.4 千瓦船尾挂机，作业人员 2 人。一条干绳可连接 50 个笼壶。

◆ **渔法**

漂流延绳笼壶捕捞作业前要扳平夹具，扣好弹夹触发器并用饵料卡定，叠放在船舷并理顺支线。到达渔场后 1 人驾驶，1 人投放笼具，夹笼面需保持向上，便于被饵料引诱的蟹类触发弹夹陷入笼中。投放后约 1 小时便可起笼。一般傍晚或涨潮时进行渔具投放作业，天亮或退潮前起笼，其间巡视 1 ～ 3 次，将捕获的蟹取出后再补充饵料，继续投放作业。

◆ **渔场**

漂流延绳弹夹笼捕蟹作业仅在局部地区蟹类活动的港湾水域、岸边或礁岩周边水域，底质以碎石最佳，规模较少。广东珠海金湾沿海除冬季外，其他季节均可作业，3 ～ 5 月和 9 ～ 11 月为旺期。

蟹笼捕捞

蟹笼捕捞是利用蟹类喜钻洞穴及摄食凶猛的习性，诱使其进入笼中的一种笼壶捕捞作业方式。

◆ **简史**

中国使用笼具捕蟹历史悠久，福建龙海县（今漳州龙海区）渔民早在明代就用竹笼捕捞蟳。200 余年前，福州郊区曾有"东西外洋，不如古尾蟳笼"之说，说明当时蟹笼捕蟳已有相当规模。20 世纪 80～90 年代，钢筋构架外裹网衣的蟹笼分别由韩国和中国台湾地区传入浙江、福建和南海。1986 年，浙江水产学院（今浙江海洋大学）开始研究笼捕梭子蟹技术，取得成功后迅速在浙江、江苏等地推广应用。并建造了专用的钢质蟹笼捕捞船，配备了蟹笼专用起放设备，单船携带蟹笼数量从几百只增加到 2500～3000 只，个别大船甚至超过 5000 只，捕捞水平和产量都有了很大的提高。90 年代，蟹笼成为东海区专捕梭子蟹的主要渔具，浙江北部笼捕梭子蟹产量占 50%。蟹笼作业适用水域较广，渔获物鲜度好，是捕捞梭子蟹的专用渔具，但为保护渔业资源，需控制作业规模，遵守有关最小网目尺寸的规定。

◆ 渔具

蟹笼由干绳、支绳、笼体、浮标和沉石等组成，其中笼体一般由钢筋笼架、网衣、倒须、封口绳等构成。形状有圆柱形笼、圆台形笼和矩形笼等。蟹笼笼体底面直径 500～600 毫米、高 240～270 毫米。上、下圆形框架与立柱为 8～12 毫米钢筋，外包聚乙烯网衣，网目尺寸 20～30 毫米。笼体侧面一般开设 3 个呈扁平喇叭形的入口（倒须），笼内悬挂小型塑料饵料篓 1 个。主捕日本蟳等小型蟹类的笼体尺寸要小一些，底面直径 450～550 毫米，笼高 190～250 毫米。

◆ 渔船

蟹笼捕捞渔船大小不一，从 10～15 总吨、主机功率 18～35 千瓦的木质小船，到功率 309 千瓦的钢质渔船都有使用。东海和黄海 20 世纪 90 年代初以 100 千瓦以下的木质渔船为主，90 年代中期后基本上以 136 ～ 184 千瓦的钢质渔船为主，部分渔船功率为 257 ～ 309 千瓦。渔船配有专门的蟹笼捕捞操作设备。单船携带蟹笼数量视渔船大小而定，功率小的一般 200 ～ 800 只，一般渔船 1000 ～ 3000 只，大功率渔船携带 3000 ～ 7000 只。

◆ 渔法

蟹笼捕捞作业一般采用定置延绳方式，即将许多蟹笼连接在一条干绳上，固定于蟹类栖息的海区。梭子蟹笼一般用沉石或铁锚定置，而蟳笼以木桩定置。渔船到达渔场后，一般选择横流放笼，作业前先将诱饵放入蟹笼。先投放浮标，依次投放锚（或碇）或沉石、干绳、支绳（线）、蟹笼。放笼完毕后数小时，从起始端依次捞起浮标，收绞干绳、支绳（线）、蟹笼，倒出渔获物。往复循环。亦有在平潮时，在渔场打好木桩，用以固定蟹笼干绳，其渔法与上述基本相同。

◆ 渔场

美国、加拿大、英国、法国、日本、澳大利亚、韩国和东南亚各国都有蟹笼捕捞作业分布，捕捞对象有梭子蟹、帝王蟹、石蟹、花蟹和蟳（青蟹）等。中国近海南北均有蟹笼捕捞作业分布，主要捕捞对象为三疣梭子蟹、日本蟳等蟹类。

散布笼具捕捞

散布笼具捕捞是将笼具分散布置在洞穴口，诱捕喜钻洞穴习性的捕捞对象的一种笼壶捕捞作业方式。

◆ **简史**

散布笼具捕捞作业在中国有较长历史。清代嘉庆（1796～1820）年间，浙江舟山渔民就在海滩泥涂中布设竹管捕捞弹涂鱼，后传至浙江的三门湾、乐清湾和象山港等地。20世纪80年代起，中国沿海均有分布。2000年前后，获得大量发展。之后，散布笼具捕捞作业方式逐渐减少。至2010年，东海区散布地笼网约占笼壶类渔具总数的2%，大多为小型生计捕捞业，生产所占比重较小。

◆ **渔具**

浙江的弹涂鱼竹管和广东的弹涂鱼篾笼、鳗鲡筒（鳝笼）、墨鱼笼，浙江和福建的蜈蚣网（火车网）等均属于散布笼具捕捞作业渔具。渔具按结构有倒须型和洞穴型两种，大多为倒须笼。笼体就地取材，包括竹管、竹篾、塑料管、铁丝网、钢筋等构架外包网衣等，形状和种类较多，结构和大小差别较大。

倒须笼

一般由笼体和倒须口构成。形状、倒须口数量与捕捞对象习性和敷设水域的地理环境有关。广东传统的弹涂笼用竹篾条编制，直径60毫米，长125毫米，倒须一个，长45毫米，入口直径45毫米，倒须口直径15毫米。虎笼形状类似弹涂笼，但笼身内设有前、后两个倒须，有竹笼和塑料笼两种。东海区的地笼网，由若干规格相同的软式矩形框架笼具连成一长方形笼具，两端封闭，两框架之间的左右两侧各开一个横向扁平入鱼口，口径外大内小，呈倒须型。网具可伸缩，平时折叠后绑成一捆，作业时拉伸，长度为 10 ～ 30 米。

洞穴型笼具

一般为管状器具。例如，浙江的弹涂鱼竹管和广东的鳗鲡筒，前者为一个一端带有竹节，另一端开口的竹管，直径约 40 毫米，长 350 毫米，无倒须装置。鳗鲡筒用塑料管制，直径 160 毫米，长 600 毫米，筒体一端封闭，另一端设有塑料倒须口，筒身开有许多小孔，中部有一个开口（145 毫米 ×110 毫米），用来取渔获物。

◆ 渔法

散布笼具捕捞作业中，笼具分散布设的方式与作业时间、捕捞对象习性和作业场所的环境特点有关，对渔船和人员无统一要求。弹涂鱼竹管的布管和取鱼等作业均借助滑板（又称泥涂船）在潮间带滩涂上滑行进行，将竹管分散插在靠近弹涂鱼洞口的软泥中，

弹涂鱼竹管作业示意图

并用泥在竹管口做成伪装洞沿，直至全部竹管布设完毕。等待 1 ～ 2 小时后开始取回竹管，将渔获物倒入鱼篓，竹管排放在滑板上。

◆ 渔场

散布笼具捕捞作业沿海和内陆水域均有。沿海渔场主要为潮间带至水深 10 米以内的浅海或滩涂。福建和浙江的散布地笼网，单船携带笼具分别为 50 ～ 100 个和 100 ～ 400 个，投放笼具数小时后就可起笼收

取渔获物，捕捞对象有蟹、鳗、虾、头足类和其他鱼类等，全年可生产。鳝笼捕鱼主要为春、夏季。

地笼网捕捞

地笼网捕捞是利用一种两侧设有倒须口的长串网笼捕捞渔获物的一种笼壶捕捞作业方式。

◆ 简史

20 世纪 50 年代末，浙江富春江水库库区就有地笼网捕鱼。70 年代前后，中国沿海虾塘使用该渔具捕捞沙光鱼，以保护对虾苗。80 年代开始，逐渐用于沿海渔业生产。2000 年前后，广泛发展至中国沿海和内陆水域。地笼网捕捞作业时间长，适用水域广，渔获物鲜度好，但应控制最小网目尺寸和作业规模。《长江渔业资源管理规定》第 6 条中明确禁止使用密眼地笼网。2015 年，浙江省继续将地笼网列为海洋开放性水域禁用渔具。

◆ 渔具

地笼网捕捞渔具的地方名称有地笼、滚地笼、长笼、火车网、蜈蚣网、串网等。渔具主要由网筒、倒须、锥状网囊、钢筋（或钢丝）框架组成，可折叠，结构大同小异。单条地笼一般呈矩形截面的长条形网筒（身），长数米至几十米，网目尺寸 15 ～ 20 毫米。网筒一般由若干直径 4 ～ 10 毫米的钢筋或钢丝

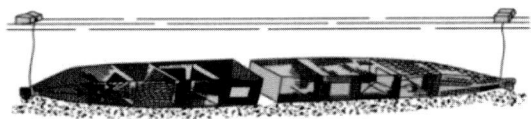

富春江地笼网结构示意图

构成的矩形框架支撑，内部相通，两框架之间网筒的左右两边交替开设一个横向扁平入鱼口，口径外大内小，呈倒须型。网筒两端各设尖锥状囊网（长 0.7 ～ 2.0 米），内有两道缩小的框架及两道纵向倒须。地笼网规格大小因作业场所和捕捞对象有所不同，如黄渤海区的地笼网单条长 6.0 ～ 35 米，钢筋框架宽 300 ～ 400 毫米、高 200 ～ 300 毫米，间距 300 ～ 500 毫米；江西捕捞青虾和克氏原螯虾的地笼网，网筒长度 3 ～ 5 米，铁丝框架 300 毫米 ×250 毫米，间距 300 毫米。实际生产中，亦有根据捕捞对象分为：①鱼笼。即捕鱼地笼。②虾笼。即捕虾地笼。③蟹笼。即捕蟹地笼。

◆ **渔船**

地笼网捕捞对渔船没有严格要求，一般使用小型渔船，作业人员 2 ～ 3 人。依渔船大小，单船携带笼具数量从几十只到数百只不等。

◆ **渔法**

地笼网一般定置敷设，可分为定置延绳串联和定置散布两种方式。

放笼。以定置延绳串联方式为例，渔船到达渔场时，先将连接地笼一端的锚或碇投入水中固定地笼，并投放浮标。此后渔船边行驶边解开折叠装置，将网筒两端囊网系于干绳的系绳上，投放笼具入水；依次连接另一地笼并投放入水，直至最后一个。最后端用锚或碇将地笼固定，同时投放浮标标示位置。一般 20 ～ 30 个地笼为一组。

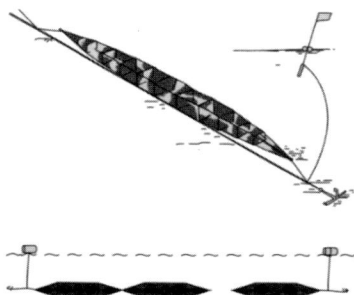

定置延绳地笼作业示意图

放完一组地笼后，渔船另择位置，重复上述放网过程，直至全部地笼投放完毕，渔船离开渔场回港。

起笼取鱼。取鱼时间视渔获情况，一般在放笼完毕后的 1 ～ 3 天进行。收笼从一端开始，通过延绳提起首只地笼，解开首段绳索，取出渔获物后，再捆好放回原水域。也可收起折叠后放于船上，到另处收笼。

◆ 渔场

中国沿海和内陆水域均有分布，主要捕捞底层小型鱼类，以及虾、蟹类等。地笼网捕捞的渔期根据作业水域和捕捞对象而定。黄渤海主要在沿岸水深 5 ～ 10 米的水域作业，渔期 3 ～ 5 月、9 ～ 11 月，主捕大泷六线鱼、许氏平鲉、等底层鱼类等。南海北部以沿岸水深 6 米以内的水域或港湾及滩涂为主，一般作业水深 2 ～ 3 米，以礁区和沙石底质为佳，主捕蟹类和小型鱼类，可全年作业。

围网捕捞

围网捕捞是采用长带形或一囊两长翼形网具，包围密集鱼群进行捕捞的一类作业方式，是捕捞海洋中上层鱼类的主要捕捞作业之一。世界海洋围网捕捞产量占海洋总捕捞产量的 25% ～ 30%。大型湖泊和水库中也有使用。

◆ 简史

早在公元前 13 世纪，古埃及就已使用围网进行捕捞。现代围网捕捞源于美国东海岸，是由地曳网和伦巴拉网两种捕捞方式发展而来的。1826 年，美国罗得岛渔民首先运用围网捕鱼原理捕捞大西洋油鲱。1837 年，美国缅因渔民使用双船围网捕捞大西洋油鲱获得成功。约在 1880 年，瑞典渔民采用美国双船围网捕捞鲱鱼，1902 ~ 1903 年冬汛捕捞作业围网渔船约有 100 艘。1900 年前后，该作业方式传入挪威和冰岛，并逐渐盛行于欧洲其他沿海国家。此后，随着机动渔船的发展，美国开始在西海岸外海及北欧的一些国家从事单船围网作业。随着机械化程度的不断提高，围网下纲装有底环和括纲，明显提高了捕捞性能。1913 年，日本开始使用围网捕捞金枪鱼；20 世纪 50 年代，采用光诱鲐鱼群进行围网作业。

17 世纪 80 年代，中国在广东已有有环围网捕捞作业，福建的大围缯作业，浙江的双船作业的大对网、小对网捕捞，山东单船作业的圆网捕捞，渤海和黄海北部双船作业的风网捕捞等。明末清初诗人屈大均在《广东新语》中对广东的有环围网渔具结构有专门的记载。中国在 1945 ~ 1946 年引进了机动渔船，进行双船和单船的围网捕捞，至 20 世纪 60 年代中期发展光诱围网作业。2001 年，开始发展远洋大型金枪鱼围网捕捞。围网捕捞已成为中国海洋渔业的重要作业方式之一。

◆ 渔具

世界上捕捞所使用的围网网具形状多样。按渔具结构可分为无囊围网和有囊围网两大类。无囊围网一般为长带状，由取鱼部和网翼组成，取鱼部位于网具一端或中间，网具下纲通常装配一定数量的底环。有囊围网由 1 个囊袋和 2 个较长的网翼组成，所有网具上下纲均分别装配浮子和沉子，以确保在操作过程中翼网和网口能充分张开。内陆水域多使用无囊围网。

◆ **渔法**

围网捕捞分为单船围网捕捞、双船围网捕捞和多船围网捕捞3种类型。

单船围网捕捞

由1艘放网船承担整个围网捕捞，但另配有1艘辅助小船进行辅助作业，包括投网时将网具一端拖拉入水，形成包围圈；放网船旋回到原来位置，辅助船将网具一端交给放网船；放网船收绞括纲时，为防止鱼群从两网翼端之间脱逃，辅助船应进入网圈内驱赶鱼群等。当底环聚集已封闭网圈底部后，随即依次起网，使网圈逐渐缩小到适当程度，以捞取渔获物。该作业方式适于近海和远洋捕捞。

大型单船无囊围网网具长度一般在800～2000米，网衣最大拉直高度一般为100～250米，最大有350米左右。单船围网作业类型中光诱围网捕捞需配备2～3艘灯船、1艘运输船。各灯船白天侦察、跟踪鱼群，夜间用水下灯诱使鱼群趋于密集，

图1　单船灯光围网捕捞作业示意图

并将鱼群引至主灯船周围后熄灯离开。放网船即以主灯船为目标放网包围（图1），收拢底环后，主灯船即驶出网圈，由放网船起网捞鱼。

双船围网捕捞

可使用有囊围网或无囊围网。①有囊围网捕捞作业具有围网、张网和拖网 3 种捕捞方式相结合的性质。作业时两船靠拢，放网船（装载网具）将 1 根曳纲递给带网船系于右舷尾部后，即以鱼群为目标，依次作圆弧形放出网具，包围鱼群，经一段时间的拖、张后，两船逐渐靠拢。由带网船将一端曳纲传递给放网船，后者在前者拖曳下起网，迫使鱼群进入网囊，待起网时捞鱼（图 2）。②无囊围网作业时，两船靠拢，将各载的半盘网具联结在一起，然后两船以鱼群为目标，分别作圆弧形各自放出网具包围鱼群。待两船靠拢时，分别迅速收绞括纲，使底环聚集以封闭网圈底部，然后两船同时起网，缩小网圈并捞取渔获物。这种作业方式适用于船型较小、近海风浪较小的水域。

图 2　双船有囊围网捕捞作业示意图

多船围网捕捞

使用无囊围网作业，由 3 艘装载网具的放网船，先共同对鱼群形成一个大包围圈，同时相互连接网具。然后各放网船向网圈中部聚集，并连接在一起，分别收拉网具两端，使之形成各自独立的包围圈，再起网捞取渔获物。

◆ 渔场

围网主要捕捞大而密集的中上层鱼群，相对地适用于风浪较小、潮流较缓、无二重潮流的渔场，如水深较浅、网具能沉降到水底的海域，其水底应平坦、无障碍物。世界主要围网渔场有大西洋中东部的摩洛哥和塞拉利昂外海，主要捕捞对象为沙丁鱼；大西洋中西部美国东部至墨西哥湾，主要捕捞对象为金枪鱼；太平洋中西部的菲律宾、印度尼西亚及其以东，新几内亚北侧外海，主要捕捞对象为金枪鱼；日本东南海域，主要捕捞对象为金枪鱼；东海、黄海和日本海，主要捕捞对象为鲐鱼和沙丁鱼；美国加州东部沿海，主要捕捞对象为金枪鱼；秘鲁和智利外海，主要捕捞对象为鳀和沙丁鱼；印度洋，主要捕捞对象为金枪鱼。

单船无囊围网捕捞

单船无囊围网捕捞是由一艘渔船用长带形网具围捕中上层鱼群的一种捕捞作业方式，是围网捕捞中规格较大、分布较广、设备较先进、产量较高的作业方式。

◆ 简史

早在 2000 多年前，中国广东就有有环围网捕捞。明末清初诗人屈大均（1630 ～ 1696）在《广东新语》中对广东的有环围网渔具结构有专门的记载。200 多年前，中国山东等沿海使用结构先进的有环围网捕捞鲐鱼，较欧洲早 100 多年。1948 年，开始发展机动渔船单船围网捕捞鲐鱼，至 1959 年已有 165 艘机动渔船作业。1966 年，光诱围网试捕成功。1970 年起，开始发展光诱围网渔业。1916 年，美国开始先后用改装的海军拖船和"加利福尼亚"号船进行围捕金枪鱼试验。1925 ～ 1928 年，围捕沙丁鱼成功。1954 年，动力滑轮起网机和锦纶网衣被普及应用。单船无囊围网捕捞主要捕捞中上层鱼类，选择性相对较好，由于技术要求较高，单位产量和经济效益差距较大。但该捕捞作业如过度发展，同样会损害海洋生态环境，如人工集鱼装置（FAD）围网捕捞鲣，因兼捕大量其他金枪鱼幼鱼，有关国际渔业管理组织已采取相应措施加以限制。

◆ **网具**

单船无囊围网捕捞网具一般为长带状，由取鱼部和网翼组成，取鱼部位于网具一端。其上纲与浮子纲相连，下纲与沉子纲相连，并装配一定数量的底环。网具的主尺度依渔船大小和捕捞对象而定，网具长度按上纲长度为准，鲐鲹围网渔船总吨 90～110 吨的网长为 900～1000米，鳀围网渔船总吨 100～280 吨的网长为 540 米，鲱围网渔船总吨

单船无囊围网捕捞作业示意图

为 200～300 吨 的 网 长 540～1000 米，金枪鱼围网渔船总吨为 400～2000 吨 的 网 长 为 1000～2000 米。网具高度一般为网长的 1/10～1/8，或为鱼群栖息水深的 2.5～3 倍。

◆ **渔船**

单船无囊围网捕捞近海作业渔船以 90～120 总吨的较多，中型渔船为 500～1000 总吨，远洋大型金枪鱼围网渔船为 2000～2500 总吨，光诱围网船组的灯船吨位 40～85 总吨。

◆ **渔法**

按围捕对象分，单船无囊围网捕捞主要有金枪鱼围网捕捞，沙丁鱼围网捕捞，鲐、鲹围网捕捞和鳀围网捕捞等；按围网捕捞鱼类栖息水层和

集群方式分，有捕起水鱼围网捕捞、瞄准捕捞围网捕捞和光诱围网捕捞等。围捕自然集群于近表层鱼类的围网捕捞和瞄准捕捞的围网捕捞，主要靠水平探鱼仪和垂直探鱼仪侦查鱼群。光诱围网捕鱼时，首先用探鱼仪探测鱼群，确定作业海域后，由 2～3 艘灯船开启灯光诱集鱼群趋于密集，并将鱼群引至主灯船周围后熄灯离开；放网船，即以主灯船为目标放网围捕；当底环全部收拢后，主灯船即驶出网圈，由放网船起网捞鱼。

◆ 渔场

单船无囊围网捕捞适宜在海底较为平坦且较开阔的海域作业。在大多数沿海国家都使用，美国、日本、法国、西班牙、挪威和秘鲁等国较为发达。中国近海的单船无囊围网捕捞主要在黄海、东海、南海一些渔场生产，捕起水鱼围网、瞄准捕捞围网常年都可以作业，光诱围网鱼汛一般在每年 7～9 月。中国于 21 世纪初开始，逐步发展远洋的单船无囊围网捕捞，到 2019 年底，主要在中西部太平洋作业，少数渔船在大西洋和印度洋作业，有的也采用人工集鱼装置（FAD），主要捕捞鲣和金枪鱼类。

双船无囊围网捕捞

双船无囊围网捕捞是由两艘性能相同的渔船用长带形网具围捕鱼类的一种捕捞方式。简称双船围网捕捞。

◆ 简史

双船无囊围网捕捞是围网渔业中较早的一种方式。据中国明末清初诗人屈大均《广东新语》记载，早在 17 世纪中叶，中国广东沿海已有双船无囊围网捕捞作业方式。1950 年，中国机动双船围网捕捞由关东水产公司试验成功，后因不及机动单船围网捕捞方便、安全而被淘汰。后于 20 世纪 70 年代再次得到发展，80 年代初达鼎盛时期。1837 年，美国在缅因州沿海开始试用双船围网捕捞油鲱成功后，逐步在东海岸形成以蒸汽机渔船为母船的油鲱双船围网渔业。由一艘母船带两艘放网子船作业。此作业约于 1900 年传入欧洲沿海。日本原有的双船无囊围网为无底环的，1888 年从美国引进双船有环围网，并于 1905 年改用机动渔船试捕成功。

　　与单船无囊围网作业相比，双船无囊围网使用的网具大，放网时间短。该捕捞作业易受渔场风浪、潮流限制。渔船较小，航速也较慢，一般多在沿岸近海风浪小的海域作业。因中国近海该作业主捕鱼类资源明显衰退，双船无囊围网生产作业的渔船数量随之减少，2009 年作业渔船仅有 4 组。日本、美国、冰岛和挪威等国双船无囊围网捕捞较发达。日本曾用此在非洲沿海捕捞金枪鱼。

◆ **渔具**

　　双船无囊围网捕捞的网具多为两端低中部高，也有两端高中部低的结构形式，如日本双船无囊围网。取鱼部位于网具中部，上纲装有浮子，足以保证网具上纲在操作过程中浮于水面，下纲装有铅沉子和底环，以便网具迅速沉降封闭网圈底部。网目大小以不使主捕对象刺挂于网衣上为原则。取鱼部网目最小，网线较粗。网翼的网目较大，网线稍细。20 世纪 50 年代以后，逐步以锦纶或涤纶等合成纤维代替了棉纤维网线。50 ～ 100 总吨渔船使用的鲐、鲹围网，上纲长度为 800 ～ 1200 米。100 ～ 150 总吨渔船使用的金枪鱼围网，其上纲长度为 1000 ～ 2500 米。油鲱鱼围网上纲长度为 300 ～ 350 米。网衣的拉直高度一般约为上纲长度的 1/10。

◆ **渔船**

母船式油鲱双船围网的母船长度 30 ～ 65 米。两艘铝质放网子船，长约 11 米，宽 2.8 米，主机功率为 73.5 千瓦。船上装有绞纲机和动力滑轮。独自作业的渔船有 5 ～ 10 总吨的小型船，也有 50 ～ 200 总吨的中型渔船，航速 8 ～ 10 节，除装配专用绞纲机、动力滑轮外，还有专用的探鱼仪器设备。中国东海区双船无囊围网作业船组由 1 艘网船和 2 艘灯船组成。网船主机功率 441 千瓦，灯船主机功率 330.75 千瓦。

◆ **渔法**

双船无囊围网捕捞有独立作业和母船式作业两种。作业全过程包括侦察鱼群（接近鱼群）、放网、收绞括纲、收绞网具和捞取渔获物（抄鱼等）等。两艘放网船到达渔场后，相互靠拢，将各自装载的半盘网具连接好，开始侦察鱼群。当侦察到可捕鱼群后，两船向鱼群靠近，使渔船处在顺风、顶流位置。共同以鱼群为目标，分别快速作圆弧前进放网包围。两船旋回后船首对船首靠拢，分别收绞贯穿于底环的括纲，封闭网圈底部，用动力滑车收拉网具，缩小网圈，最后使鱼群集中于取鱼部，用抄网或鱼泵捞取渔获物。如采用灯诱作业，则灯船到达渔场后开启集鱼灯集鱼，达到一定密度后，两放网船开始围绕灯船下网，放网完毕后，灯船关闭集鱼灯，慢速驶出网具包围圈。放网船开始收绞括纲、网衣，缩小网圈，使鱼群集中在取鱼部，使用抄网或鱼泵捞取渔获物。

◆ **渔场**

温带和热带国家的近海和公海水域或内陆水域均有双船无囊围网捕

捞作业，渔场水深 0 ～ 300 米。双船无囊围网捕捞在海洋中主要围捕自然集群或光诱集群的鲐、鲹、鲱、沙丁鱼和金枪鱼等中上层鱼类。

单船有囊围网捕捞

单船有囊围网捕捞是由一艘渔船使用一囊两长翼形网具围捕鱼类的一种围网捕捞作业方式。又称丹麦式围网作业（Danish seining）。

◆ 简史

19 世纪 50 年代，单船有囊围网捕捞由丹麦 R. 拉森试验成功后获得推广。该捕捞作业方式起网时间较短，渔获质量较好，是欧洲西北部近海的重要作业方式之一。有些国家允许在拖网禁捕区内作业，有逐步扩大的趋势。中国只在黄海北部有少数该种捕捞方式，现已淘汰。该作业方式对生物资源的影响类似拖网，如囊网网目尺寸小，可导致误捕幼鱼和非主捕鱼类。

◆ 渔具

单船有囊围网捕捞的网具形似有翼拖网，只是两翼网较拖网的长。大西洋沿岸的网囊多用两片式网衣，太平洋沿岸多使用四片式网衣，其上纲长度为 32 ～ 65.6 米，网口周长 23 ～ 48 米，网囊长 14 ～ 22 米，网目长度 25 ～ 159 毫米。下纲通常采用带铅芯的合成纤维绳索或混合纲索。曳纲长度是决定捕捞效率的重要构件，用来包围一个大的面积。曳纲长度可达 2500 米。在底质较粗糙水域使用，曳纲要短一些。

◆ 渔船

单船有囊围网捕捞从大舱独木舟到远洋渔船，各种大小船只都有，通常船长至少 10 米。欧洲渔船船长多为 10 ～ 30 米，15 ～ 50 总吨，主机功率为 22.05 ～ 147 千瓦；日本使用的渔船为 15 ～ 100 总吨，每船配备舢板 1 只。甲板上通常安装有专门的小型快速曳纲绞盘及盘绕曳纲的收纳箱，曳纲或存放在甲板下方的舱内。

现代单船有囊围网渔船可能配置有动力滑车或三滚筒起网机、围网滑车和卷网机等。大型渔船还使用鱼泵将渔获物直接抽到船上鱼舱内，小型渔船或捕捞高质量渔获物时，普遍采用抄网。有些小型渔船因设施条件限制，所有作业都是手工操作的。

◆ 渔法

日本式单船有囊围网捕捞作业是使网具处于顺流状态，放出系有曳纲的浮标，按预定方向依次放曳纲、网具、曳纲。渔船旋回到浮标处，捞起浮标和曳纲，拖曳片刻后再同时收绞两曳纲，网具到达船尾时，用动力滑轮或将网具直接收绞到船上。苏格兰式单船有囊围网捕捞作业的放网过程与日本式相似，但起网是在拖曳过程中收绞两曳纲，网具到船尾部或舷边时，用动力滑轮或吊杆将网具拉到船上。该捕捞方式的放出曳纲长度约为作业水深的 8 倍。丹麦式单船有囊围网捕捞作业是将网具处于顶流状态，起放网过程与日本式相似，不同之处在于系曳纲的浮标要用锚固定，渔船旋回到原浮标后捞起浮标，同时用锚固定渔船，收绞两曳纲起网。

◆ 渔场

单船有囊围网捕捞作业内陆和海洋均有应用，底质平坦光滑的水域最有效。捕捞深度从湖泊中不足 50 米到海洋中的 500 米。海洋中使用，主要捕捞近海的鲱鱼、鳕鱼或其他近底层鱼类等，也捕捞少量中上层鱼类。英国、丹麦、格陵兰、冰岛、俄罗斯、加拿大、美国和日本均有分布，可在北海、鄂霍次克海、白令海和日本东部等近海作业，澳大利亚南部及新西兰北部近海等也有分布。中国主要分布在黄海北部。

双船有囊围网捕捞

双船有囊围网捕捞是由两艘性能相同的渔船共同从事一项单网囊两长翼形网具进行围捕鱼类的一种围网捕捞方式。是中国近海渔业的主要作业方式之一，如福建的大围缯、三脚虎网，浙江的对网等。

◆ 简史

早在 17 世纪中叶，中国广东沿海开始用双船围网捕鱼，既捕中上层鱼类，也捕捞中下层鱼类，早于欧洲的环网作业。福建风帆船大围缯网作业已有百余年的历史。1956 年，浙江试验成功机帆渔船对网作业；1957 年，福建开始用机动渔船大围缯作业后，获迅速发展，成为中国东海区群众渔业的主要作业方式；到 20 世纪 80 年代初，已有 4000 余对机帆渔船作业；2000 年以后，受单船有囊围网快速发展的影响，规模有所萎缩；到 2009 年，东海区双船有囊围网作业仅有浙江省的 11 组；至 2020 年，双船有囊围网在中国主要分布于浙江省，数量较少，主要在沿岸海域捕捞小型鱼类。

◆ 渔具

双船有囊围网捕捞作业网具的两翼网应对称，翼长约 250 米；网囊网衣拉直长为 60 ～ 80 米。沿岸小型渔船的网囊长度不超过 25 米。网翼的上、下缘分别装有缘网和上、下纲,分别扎上一定数量的浮子和沉子,网翼前端通过上、下叉纲与曳纲连接。网口上、下的中部装有三角网衣。网目尺寸主要根据主捕对象确定,一般网口的网目为 107～147 毫米,逐渐缩小到网囊的约 20 毫米。专捕鳀的网具,网目尺寸从网口的 50 毫米缩小到网囊的 11 毫米。专捕带鱼的网具最小网目尺寸为 17 毫米。自 20 世纪 70 年代开始,网衣均采用乙纶线代替苎麻线编结。

◆ **渔船**

20 世纪 50 年代,浙江大捕型和福建大围缯型渔船主机功率为 29.4～58.8 千瓦,载重为 30～45 吨。60 年代,大捕型渔船发展较快。70 年代后期,开始发展围网底拖网兼作的混合型渔船,主机功率以 110.25 千瓦为主,载重 65 吨,船长 26 米,型宽 5.20 米,型深 2.0 米,自由航速为 9.5 节,作业人员 28～32 人(主船 20～24 人,副船 8 人),配有 1.5 吨绞拉力的立式绞纲机 2 台、垂直探鱼仪和定位仪各 1 台。80 年代初期,发展的少量木质混合型渔船,主机功率 135.975 千瓦、载重 75 吨以上。

◆ **渔法**

双船有囊围网捕捞作业具有围、拖、张网捕捞的特征,但具体操作根据捕捞对象和渔场环境各有侧重。捕捞集群性中上层鱼类以围为主,放网船(主船)将网具盘放在右舷甲板上,上纲、下纲分开,右网翼在前,左网翼在后,网囊堆于左网翼上。副船紧跟主船驶达渔场,发现鱼群决定放网方位后,副船向主船靠拢,主船递交右曳纲和支纲给副船,然后放网包围鱼群。起网时，主、副船逐渐靠拢，停车。副船将曳纲、支纲和带船纲递给主船后，转向与主船正横位置，准备用带船纲调整主船的船位。主船先收绞两曳纲后，再收拉网翼，收拉到网囊时，带船纲脱离主船，最后主船用抄网取鱼。捕捞大黄鱼，则需围、拖结合和以张为主，放网后两船顺流拖曳10多分钟，借助潮流使网具充分张开，驱集大黄鱼进入网囊。捕捞冬季带鱼的起放网作业步骤与上述基本相同，所不同的是，围网、拖网结合作业时，放网方向无须保持网口对准流向；以张为主作业时，放网方向需根据风向、流向及捕

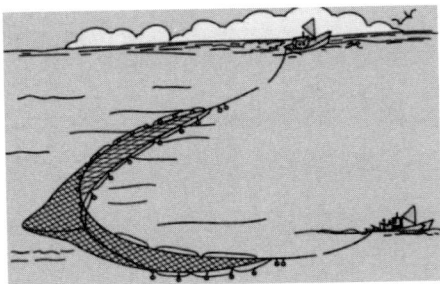

双船有囊围网作业示意图

捞对象的动向，保持网口对准捕捞对象的来向，缓速拖曳30分钟，保持网具充分伸张，使带鱼入网。

◆ 渔场

自江苏的吕泗至福建南部、水深10～110米的海域均可作业。主要渔场有福建的闽中渔场、闽东渔场和闽南渔场，浙江沿海渔场，以及江苏吕泗渔场等。主要捕捞带鱼、大黄鱼、小黄鱼、鲐和鲹，兼捕鲳、鳓、马鲛、马面鲀和乌贼等。

掩网捕捞

掩网捕捞是使用圆锥形网具自上而下罩捕海洋和内陆水域鱼类的一

种网渔具捕捞方式，又称掩罩捕捞。

◆ 简史

在国际上，掩网捕捞历史悠久。在柬埔寨吴哥遗址中，就有1000年前抛撒掩网的图案。中国掩网作业历史也很悠久，因该网具规格一般较小，作业成本较低，渔获不高，常作为副业生产，有时也作为娱乐性渔业。20世纪90年代初，广东省湛江发展捕捞趋光性中上层鱼类和头足类的灯光罩网获得成功后，迅速推广至南海周边海域，成为南海区的主要作业方式，并扩大到东海和黄海。但海洋灯光罩网捕捞作业规模相对较大，如网目尺寸过小、灯光过强，可能有损于渔业资源，应加强对灯光和网目尺寸的管理。内陆和近岸浅水区作业的掩网一般结构简单，操作方便，生产规模小，大多为生计性作业，主要捕捞鲤、鲫、鳊、鳜、鲇等近底层鱼类，也有刀鲚、鲌、鳙等中上层鱼类。

◆ 渔具

掩网捕捞渔具一般呈圆锥形。底部边缘内侧有的呈缘兜状，有的无缘兜结构，边缘装有沉子纲和沉子；锥顶有1根引纲，用以抛撒网具。小型掩网底部半径一般为2～6米，但也有长达25米左右的。海洋灯光罩网渔具一般规模较大，底部半径可达50多米，拉紧高度100多米，其结构也相对复杂一些。主要由个体一人操作的手投掩网是小型掩网中较有代表性的一种。

◆ 渔船

掩网捕捞的渔船大小差别很大。小的有筏子、独木舟或小型渔船，大的船长达50多米，主机功率1400多千瓦，依作业方式而定。也有不使用渔船，由人在岸边或站立水中抛撒网具捕鱼的。

◆ 渔法

掩网捕捞按捕捞方式可分为：①抛撒掩网捕捞。掩网捕捞中最主要的形式。其网具呈无架圆锥形，如撒网、刀鲚撒网等。捕捞作业时，撒出的网具须略带旋转，张开后以近似圆形入水罩捕鱼类。撒网技能要求较高，作业水深一般在 10 米以内。无缘兜网可在有障碍物水域中使用，有缘兜网一般使用于无障碍物的水域，作业区地质为软泥或泥沙，可常年作业。②撑开掩网捕捞。网具结构与抛撒掩网相似，是较大型的无架掩网，如撑篙网等。撑开掩网捕捞作业时借助水流并以撑篙撑开网口罩捕鱼类，适于在水深 15 米以内有水流的江河中使用。在沉舟、礁石附近有鱼类聚集的水域作业尤佳。③扣罩掩网捕捞。撒网是有架、截头圆锥形的小型掩网。捕捞时以网罩鱼，如湖北洪湖的麻罩网。④罩夹掩网捕捞。将掩网装在罩架上，利用鱼类潜于水底的习性，将网口张开，插入水底夹住鱼类达到捕捞目的。如湖北网湖的鳜鱼夹网，主要在湖荡或内河浅水区作业，捕捞底层鱼较为有效。

罱网捕捞

罱网捕捞是根据鱼类潜于水底，善于钻穴卧洞的行为习性，用手持有柄夹杆的罩夹网具，将其网口张开插入水底罩夹底层鱼类的一种捕捞方式，是内陆水域传统小型网具捕捞方式之一。

在中国湖北、安徽、江苏、上海等地内河、湖泊中均曾有此种捕鱼作业。罱网捕捞主要捕捞鲤、鲫、鳜、青鱼、草鱼等底层鱼类及小杂鱼等。捕捞的最佳水域是湖泊、河汊的交汇点。以软泥底质、水质较浑浊处为适宜。全年除盛夏季节外均可作业。

◆ **渔具**

罱网捕捞渔具网形近似于一个圆锥形的网袋或呈三角形的囊袋，规格各地有所不同。其基本结构是由领纲（或称侧纲）、网衣、夹竿、横竹片（横杆）、缘纲、网口纲和铁脚（铁钉板）等组成。网袋用聚乙烯网线编结，网目尺寸 30 ～ 40 毫米。

◆ **渔法**

罱网捕捞的具体作业方式主要是潭罩夹法。在作业前一天，在勘定的水域中用罩夹在水底每隔 4 ～ 8 米夹起泥底作成泥陷穴（俗称陷坑），诱鱼栖息，并在穴边插一竹竿或芦苇作为标记。一般每船作泥陷穴 1000 个左右。以后每天用罩夹在泥陷穴中夹捕潜伏的鱼类。作业时，使用载重量 1 吨左右的非机动船，1 人划船，1 人在船头用两手分握夹杆，使网口张开，轻轻地对准陷坑插入水底，然后迅速将夹杆并拢，使网口闭合，提出水面，将渔获物倒入船上活水舱或鱼篓中。一般每天可夹捕 800 穴，渔获 10 ～ 30 千克不等。其他作业方式尚有拦罩夹法、岸边罩夹法、混合罩夹法等。

◆ **渔场**

不同罱网捕捞作业方式对作业水域要求不同。配合瞄罾作业需要选择有水流的河道，最好是在连通湖泊的河港处；单独作业一般在河港、湖泊的岸边或在有芦苇、杂草的湖荡内进行；若作泥陷穴的则要在水面较大、水深 0.3 ～ 3.5 米，底质为烂泥、水色稍混，无水流的水域进行。

◆ **渔期**

罱网捕捞作业一般在每年的 9 月至翌年 5 月。配合瞄罾作业则在 4～6 月和 9～11 月。配合拦网作业的则在冬季作业。

◆ **评价**

罱网捕捞渔具结构简单，成本低，有一定的经济效益，一般均由个体渔民从事该捕捞作业。但劳动强度大，产量有限，随着社会经济条件的改善，该捕捞方式日趋减少。随着长江大保护政策的实施，该作业在长江流域应禁止。

灯光罩网捕捞

灯光罩网捕捞是用灯光将趋光性鱼类诱集到船边，再用锥形网具扣罩该鱼群进行的一种捕捞方式，是中国近海渔业生产的重要捕捞方式之一。

◆ **简史**

掩罩类渔具具有悠久历史。中国夏、商、周时期就有使用。大黄鱼掩网是福建官井洋捕捞大黄鱼的传统网具，至今已有 200 多年历史。手抛网的历史则更加悠久，是内陆水域和沿海地区分布最广的渔具。人们运用光诱捕鱼的历史相当悠久。中国早在隋唐时期就采用"萤火捕鱼"。灯光罩网是 1990 年湛江水产学院（今广东海洋大学）科技人员和广东省湛江市的乌石镇渔民联合研制的作业方式。在 21 世纪 10 年代初进行了舾装标准化设计，较好地解决了安全性问题，已逐步推广至南海周边海域、东海和黄海，以及印度洋公海。

◆ **渔船**

灯光罩网对渔船的技术要求较低，适用渔船功率和吨位涵盖广。中国初期灯光罩网渔船多数由小型木质渔船改装而成，后发展为专业性的大型钢质渔船。船员配置人数因船舶大小、作业海区、渔况以及作业自动化程度等而差别较大。中国南海灯光罩网木质渔船一般总长15～30多米，主机功率29.4～220千瓦，船员2～4人；钢质渔船总长一般40～50多米，主机功率超过500千瓦，船员5～10人；远洋灯光罩网渔船船长一般50～70米，主机功率1400～1500千瓦，船员一般20多人。南海区最大的钢质罩网渔船总长72米，1200总吨，主机功率1100千瓦，发电机组1200千瓦，诱集鱼灯组的1千瓦卤素灯800只，内设速冻和超低温冷冻舱，日冻结能力20吨。

灯光罩网渔船特征是：①渔船安装有4根撑竿及相关支架；渔船左右舷两侧前、后各置一根撑竿，长度约为船长的80%。撑竿基端设有铰链装置，不作业时撑竿可以收于渔船两侧。②渔船甲板上的支架也是诱鱼灯架，一般安装1千瓦金卤灯或500瓦LED灯。船舷两侧另置集鱼灯组，灯组中全为黄色灯或黄、红色灯各占一半。③作业时，渔具布挂于撑竿端。实现了放网自动化。船上还设置一台或多台绞纲机，配合起吊网具及渔获物。

◆ **渔具**

灯光罩网捕捞网具主要由网衣、纲索和属具等组成。网衣包括缘网（或称裙网）、主网衣（网身）和网囊3个部分。纲索有网口束纲、下缘纲、下主纲、网顶缘纲、引纲、吊绳纲和手拉纲等。属具有沉子、小沉力环、大沉力环、木楔等。网具采用多段圆周递减的直筒形网衣缝合而成，整体呈锥形。网身前 5 ～ 6 网衣为尼龙胶丝，其余网衣和缘网及网囊网衣为聚乙烯网线。网目大小一般从网身的 35 毫米逐渐递减到网囊的 25 毫米或 20 毫米。网具规格依渔船大小和作业渔场而定，网具沉子纲长度为 70 ～ 340 米，网身纵向拉直长度为 20 ～ 103 米。

◆ 渔法

灯光罩网捕捞操作方法根据渔船大小和机械化程度稍有不同。以海南高临大马力灯光罩网为例，渔船到达渔场后，摆开撑竿，抛下水锚，用吊网绳及手拉绳等将网具下纲预设的 4 个吊挂点拉至撑竿外端滑轮处，使网具下纲在船底成矩形张开。将束纲置于左舷甲板，封闭网囊卸鱼口，将网衣拉紧后，无须下水的网衣及网囊放于甲板正中。较小渔船的罩网下纲 4 个吊挂点，是通过手拉绳和木楔装置吊挂于撑竿外端滑轮处。较大渔船的罩网下纲 4 个吊挂点直接与拉绳和卷扬机连接，卷扬机把下纲 4 个吊挂点拉至撑竿外端滑轮处，布网及放网均自动完成，不需要人工操作。

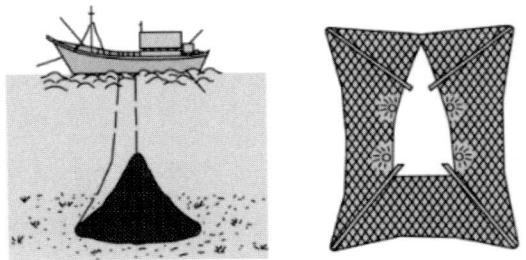

小型灯光罩网作业示意图

放网前，先将诱鱼灯熄灭，开启集鱼灯，让鱼群充分集中于网具下方后放网。使用木楔装置的通过人工，在船长一声令下，迅速同步通过手拉绳将 4 个吊挂点的木楔拉开，使网具的下纲迅速下降扣罩住下方的鱼群。不使用木楔装置的通过电按钮打开卷扬机刹车并使卷扬机快速倒转，使网具的下纲迅速下降扣罩住下方的鱼群。放完网约 2 分钟便可以亮灯起网。

◆ 渔场

灯光罩网的渔场广阔，不受水深限制，水透明度高，中上层趋光鱼群密集的海域均可作业。在中国南海，主机功率 200 千瓦以下的小型灯光罩网渔船主要集中在北部湾和近岸浅海海域作业，捕捞鱿鱼、带鱼、棱鳀、乌鲳、眼镜鱼、小公鱼、小沙丁鱼、鲔、马鲛等。200 千瓦以上的中大型灯光罩网渔船主要集中在大陆架区及深海区作业。随着中沙、西沙、南沙鸢乌贼和大型金枪鱼渔场的发现，中大型光诱罩网渔船已成为开发中沙、西沙、南沙渔场的主力。中沙、西沙、南沙鸢乌贼渔场旺季为春季和夏季，现阶段评估鸢乌贼资源可捕量约 100 万吨，尚有丰富的鲔、鲣和大型金枪鱼等渔业资源，中沙、西沙、南沙群岛周边深海海域成为大型光诱罩网渔船的主要渔场。

◆ 评价

灯光罩网捕捞网具结构简单，捕捞操作比较容易，劳动强度低，捕捞栖息分散小型化的鱼类效率较高，特别是开发深水头足类。但须合理控制作业规模和渔具的网目尺寸，确保渔业资源的合理利用。

耙刺捕捞

耙刺捕捞是利用特制的铦叉、耙齿、钩、铲或刨等工具，以投（射）刺、耙挖或铲刨等方式采捕水产经济动物的一种捕捞作业方式。

◆ 简史

耙刺类渔具是一种古老的捕鱼工具。中国先祖很早就使用骨制鱼叉、鱼钩、鱼鳔、弓箭，以及捕鲸炮的炮钎等工具进行捕鱼。黑龙江、嫩江流域原始社会遗址发现骨鱼钎和骨鱼鳔。贝丘遗址的出土物中有渔猎活动用的箭头、鱼叉和鱼钩等。耙刺类渔具除捕鲸外，一般均为小型沿岸、滩涂或岛礁渔业使用，数量相对较少。中国东海区三省一市中，江苏省数量较多，尤其是盐城市渔具数量占该省耙刺类渔具总量的70%以上。浙江省耙刺捕捞主要分布于台州和温州两市。福建省耙刺捕捞分布于漳州市和宁德市，其中漳州市耙刺类渔具数量占该省总量的98%。耙刺捕捞大多手工操作，投入劳力较大，总的趋向是逐步淘汰。2000年后，发展出采用水泵吸取或高压水柱冲击海底进而捕捞的蓝蛤泵和水冲式耙子等作业方式，捕捞效益有很大提高，但对海底环境生态破坏严重，有的地区现已禁止这种作业。

◆ 渔具

耙刺捕捞渔具结构种类较多，规模大小差别很大。按渔具结构可分为滚钩（锐钩）、柄钩捕捞、叉刺捕捞、箭钎捕捞、齿耙捕捞和锹铲捕捞。按作业方式可分为拖曳齿耙捕捞、滚钩（锐钩）捕捞、投射捕捞、铲耙捕捞、钩刺捕捞等。

拖曳齿耙捕捞

用渔船拖曳具有耙齿框架的网具，将埋栖在软泥或沙砾中的贝类挖出拖入网囊的作业方式。网具只起收纳渔获物的作用。乃挖、毛蚶耙网和蚬耙捕捞等均属该作业方式，其中渤海三省一市的毛蚶耙网捕捞是规模最大的一种。

滚钩（锐钩）捕捞

在一根干线上系结带有锐钩的支线，用浮子、沉子、锚或沉石敷设于底层鱼类洄游通过的水底，依靠密集的锐钩刺挂鱼体达到捕捞目的的作业方式。一般是以定置延绳方式作业。海洋和内陆水域均有分布，作业规模相对较少。如天津等地的滚钩捕捞、福建等地的绊钩捕捞、黑龙江的鳇鱼钩捕捞、山东和安徽的顿钩捕捞等。

投射捕捞

用手或炮瞄准对象投射铦、鱼叉、鱼镖等达到捕获目的的作业方式。规模最大的为捕鲸，其次是用鱼叉和鱼镖等刺捕旗鱼及大型鲨等，最小的是手持刺叉刺捕海参和蚬等。

铲耙捕捞

手持锹、铲、耙等工具，锹铲或刨耙岩礁上或泥沙中的贝类或鱼类的作业方式，如中国江苏北部的文蛤刨捕捞。规模最大的是南海诸岛珊瑚礁盘海区使用的砗磲铲捕捞，现已被禁止。

钩刺捕捞

利用带有长柄的锐钩自下而上猛力钩进鱼体或利用钩竿和钩线迅速钩住鱼类达到捕捞目的的作业方式。中国浙江南部和闽东沿岸姥鲛钩捕捞、浙江南部的弹涂鱼钩捕捞、海南的砗磲钩捕捞均属于该作业方式。姥鲨和大砗磲属保护动物，生产上已禁止捕捞。

◆ 渔场

内陆水域和沿海滩涂、河口、岛礁及沿岸浅海近海均有耙刺捕捞作业分布。耙刺捕捞适于捕捞其他渔具难以捕获或不宜捕获的水产经济动物，如海兽类、旗鱼、泥沙中或岩礁上的贝类、岩礁海底的海参等。内陆水域主要捕捞对象有鳇、鲤、鲟、鳜、蚌等，海洋主要捕捞对象有毛蚶、沙蚬、黄蚬、梭鱼、鲈、鳐、鲽、鲆、海参、贻贝、马蹄螺、砗磲、鲸等。

拖曳齿耙网捕捞

拖曳齿耙网捕捞是利用渔船拖曳带有耙齿的框架网具将栖埋于软泥或泥沙的贝类挖离底质并拖捕入网的一种耙刺捕捞作业方式。中国北方地区俗称快耙捕捞。

◆ 简史

20 世纪 50 年代，中国天津就有毛蚶耙网作业；70 年代起，改为机帆渔船作业，一船拖曳 8 ～ 10 顶网具，单船日产 5 ～ 10 吨（毛重），高产达 10 ～ 15 吨。蚬耙于 50 年代初起源于山东乳山；90 年代中后期，连云港赣榆地区获得发展，因捕捞效果好，作业渔船曾达 200 余艘。1977 年以后，浙江拖蚶网以铁架代替竹架，提高了产量，成为当地产蚶区的主要捕捞渔具之一。90 年代中后期，渤海地区开始用高压水泵代替耙架腹部的耙齿，发展水冲式耙齿捕捞，利用高压水流将海底淤泥中的贝类冲入网内而捕获。21 世纪 10 年代，河北省有齿耙网 4000 余顶，主要分布于该省沿海各地；辽宁大连、营口、盘锦、锦州和丹东等地有 3400 余顶；天津汉沽和塘沽有 900 余顶；山东有 500 余顶，主要分布在环渤海沿海地区。拖曳齿耙渔具一般规格较小，结构简单，操作简易，作业成本低，捕捞贝类效益高。但随着毛蚶和蚬类资源的减少，作业规模逐年减少，为减少对底栖生态环境和稚贝的影响，应限制捕捞强度，包括控制作业规模和制定网囊最小网目尺寸。

◆ **渔具**

拖曳齿耙网捕捞渔具由耙架、网衣和纲索 3 部分组成。耙架为钢结构，耙架前端两侧各焊有 1 个铁环，用于接缚叉纲，耙架上缘和两侧用钢筋连接构成框架，框架后端结缚网囊。毛蚶耙网耙架圆钢制，由上横梁、底横梁、侧柱、三角爪和耙齿等焊接而成，宽 1.6～2.2 米，高 0.24～0.3 米，底部耙齿钢筋制，齿长约 0.4 米，齿间距 28 毫米。蚬耙耙架呈鞋状，底部由 3 段组成，前段腹面向上滑翘，由 2 毫米的钢板制成；中段是由（直径 20 毫米）圆钢制成的耙齿，齿长 230 毫米，齿间距 52 毫米；后段为（直径 6 毫米）钢筋做成的铁篦子。

◆ **渔船**

拖曳齿耙网捕捞渔船长 8～30 米，主机功率 9～136 千瓦渔船均有使用，木质渔船为主，配备绞纲机和吊杆，一般左右舷各装配 1 根撑竿，拖曳 2～4 顶网具；也有左右舷各安装 3 根撑竿拖曳 8～10 顶网具的，如天津塘沽的毛蚶耙网。

◆ **渔法**

拖曳齿耙网捕捞作业操作方法与桁拖网捕捞和扒拉网捕捞相似。拖曳 1 顶网具的，曳纲系于船尾叉缆上；拖曳 2～4 顶网具时，渔船左右舷撑竿上各系 1～2 顶网具。渔船到达渔场后，首先要撑开并固定好船舷两侧的撑竿，慢速放网。一船拖曳 4 顶网具，先放撑竿外侧的网具，后放内侧的网具，渔具全部入水并开始下沉后，放出叉纲、曳纲后进入正常拖曳作业状态。起网时拖网减慢，秩序和放网相反。利用绞纲机绞收曳纲，网具绞至船尾时，利用吊杆将其吊至船甲板上，倒出渔获物。拖曳时间一般 2～3 小时。耙架尺寸与渔船大小、作业方式有关，以中国辽宁为例，船长 28.67 米，110 千瓦的蚶耙网渔船，耙架长 2.26 米、高 0.3 米，船长 21.2 米；88.2 千瓦蚬耙网渔船，耙架长 1.32 米、宽 1.2 米、高 0.6 米。

◆ 渔场

中国北方毛蚶耙网渔场主要分布在辽宁大连、营口，河北唐山，天津和山东潍坊等沿海水域和滩涂，主要捕捞毛蚶、魁蚶、文蛤、杂色蛤、菲律宾蛤仔等贝类，渔期为 3 月底～5 月底、9～12 月。江苏南部除规定的禁渔期外均可作业，浙江渔期 11 月～翌年 3 月，福建可全年作业。辽宁南部沿海蚬耙网渔期为 3～5 月和 8～11 月，海州湾渔场作业水深 10 米以内水域，渔期 5～8 月。

◆ 评价

拖曳齿耙捕捞渔具一般规格较小，结构简单，操作简易，作业成本低，捕捞贝类效益高。但随着毛蚶和蚬类资源的减少，作业规模逐年减少，为减少对底栖生态环境和稚贝的影响，应限制捕捞强度，包括控制作业规模和制定网囊最小网目尺寸。

光诱渔法

光诱渔法是指根据水产经济动物对光刺激的行为反应以及水域的环

境条件，采用灯光或火光诱集后，配合其他渔具或鱼泵进行辅助捕捞的方法，又称光渔法。

◆ **简史**

中国古代已使用火光或烛光等诱捕鱼和蟹类。1571 年已有了采用篝火诱鱼的"光诱捕鱼"作业方法的记载。20 世纪 30 年代，使用当时光亮度较高的汽油灯诱集鱼类辅助捕捞，提高生产效率。此方法一直沿用到 50 年代后被电灯替代。常用的电光源有白炽灯、荧光灯、铊铟灯和发光二极管（LED）灯等。水银荧光灯的发光效率比白炽灯高，传播范围大，60 年代在渔业中广泛使用。铊铟灯发蓝绿色光，在海水中衰减少，传得远，在鲐鲹类渔业中普遍使用。2000 年以后发展起来的LED 灯发光效率高，耗能少，有可能逐步取代其他光源。

集鱼灯有水上灯和水下灯两大类。前者固定在船的前后桅杆之间或舷侧上方。后者具有水密性能，可上下移动在水下形成光场，诱集不同水层的捕捞对象，同时减少了光的传播损失，节约能量。不同水产经济动物对不同强度和颜色的光有不同的行为反应，可分为正趋光、负趋光和对光无反应 3 种。在不同生长阶段，以及环境温度和盐度等不同时，对光的反应也有所不同。如沙丁鱼会向水下灯或水上灯光照区聚集并久久不散，如将水下灯提升，鱼群会随之上移，此时可配合相应渔具进行捕捞。

◆ **捕捞对象**

光诱渔法主要捕捞对象有沙丁鱼、鳀、鲐鱼、鲹、鲱、秋刀鱼、柔鱼、乌贼和蟹等。

◆ **主要渔具**

配合光诱进行捕捞的渔具主要有光诱围网、光诱鱿鱼钓、光诱敷网、舷提网（日本称为棒受网）、灯光罩网（圆锥形提网）等。此外，还有在如张网、刺网、延绳钓、鱿钓等渔具上设置发光网片或 LED 发光元件，提高捕捞效率。

◆ **渔法**

光诱围网捕捞

光诱围网捕捞通常由 1 艘网船和 2 艘灯船组成，于夜间作业。光诱围网捕捞主要捕捞鲐鱼、蓝圆鲹、沙丁鱼等具有喜光习性和集群性的鱼类。光诱围网捕捞作业先由主、副 2 艘灯船打开水下灯及水上灯诱集鱼类，将分散或小群的鱼类集成大群，稳定在船舶周围。随后 2 艘灯船互相靠近后，引灯船熄灯，使鱼群集中到主灯船处，然后通过提升水下灯或改用水上灯单独诱集，缩小光照范围或改变光色等使鱼群进一步密集，并移动到易于捕捞的位置。网船随即迅速放网，形成包围圈，收绞括纲，完成无空隙可逃逸的空间，而后采用抄网或鱼泵提取渔获物，完成捕捞作业。

光诱柔鱼钓捕

利用柔鱼的趋光性、喜在明暗交界处徘徊的习性，在作业钓船两舷侧上方配置强光照明装置，设置在两舷的柔鱼钓机向船体阴影边界处自动放收拟饵钓钩，钓钩一般外套一含荧光物质的塑料套管，在水下上下运动时隐隐发光，使柔鱼误为饵料而捕食，提高上钩率。被钓钩钩住的鱿鱼通过自动钓机的导向轮自动甩到甲板上。利用水下集鱼灯可将栖息在较深水层的柔鱼诱集提升到近表层或水面加以捕捞，甚至在白天可以诱集深水层的鱿鱼进行捕捞，拓展有效捕捞时间。自20世纪80年代末起，中国光诱鱿鱼钓作业在日本海和北太平洋成为重要的捕捞作业方式。

光诱扳罾、舷提网（棒受网）、敷网捕捞

利用灯光诱集和控制鱼群聚集在网具上方提升网具进行捕捞。舷提网（棒受网）捕鱼则是利用灯光诱集鱼群到船舷一侧，调节灯光将其提升到水面，然后网衣从鱼群下方向上兜捕，并用鱼泵提取渔获物。

灯光罩网捕捞

利用灯光诱集鱼类聚集后，通过撑竿抛撒网具迅速沉降罩住鱼群，然后收拢网口达到捕捞的目的。

光诱刺网捕捞

光诱刺网捕捞作业时，在刺网上挂置集鱼灯或化学冷光源诱惑鱼类和虾蟹上网，以提高渔获率。

光、电、泵联合捕捞作业

利用光在较大范围里诱集驱光性强的沙丁鱼、鳀。而后采用电场和鱼类的趋阳反应，进一步诱集鱼群，游向设有鱼泵的阳极，当进入鱼泵的负压区里，被抽吸到甲板或工作平台上。此种无网捕捞作业方式在捕捞沙丁鱼、蓝圆鲹上都已获得成功。

一些捕捞作业辅以灯光诱鱼可大幅提高其捕捞效率，但灯光功率配

置不是越大越好，应结合鱼类行为特点优化匹配。随着科技的发展，高效节能光源将逐步得到推广应用。

鸬鹚捕鱼

鸬鹚捕鱼是在江河湖泊水域的竹筏或小船上，利用驯化的鸬鹚进行捕鱼的方法。

◆ 简史

中国早在公元 25～220 年已有此种捕鱼方法。秦汉时期的《尔雅》《异物志》等书中就有"鸬鹚入水捕鱼，湖沼近旁居民多养之"的记载。唐代诗人杜甫诗中有"家家养乌鬼（即鸬鹚），顿顿食黄鱼"的描述。明代（1368～1644）《本草纲目》中有"南方渔舟往往縻畜数十，令其捕鱼"的记载。日本于公元 813 年开始利用鸬鹚捕鱼。欧洲利用鸬鹚捕鱼始于 17 世纪，但只当作一种运动或嗜好。

鸬鹚

◆ 鸬鹚

属鹈形目鸬鹚科水鸟，别称水老鸦、鱼鹰。世界上共有 26 种。用于驯化捕鱼的主要是中国的斑头鸬鹚和普通鸬鹚两种。中国渔民早就掌握了鸬鹚的人工孵化繁殖方法。驯化后的鸬鹚潜水深度一般可达 6～7 米，有的可达 10 米以上，潜水时间一次约半分钟，有时可达 1～2 分钟。寿命约 20 龄，最佳捕鱼年龄 3～7 龄。

◆ 捕捞对象

鸬鹚主要捕捞鲤、鲫、鳊、鲇、鲌、鲴等鱼类。亚洲、欧洲和南美洲等国均有鸬鹚捕鱼，中国常见于长江中下游和长江以南的江河、湖泊。

◆ 渔法

鸬鹚捕鱼可分为单独捕鱼、结合刺网捕鱼和结合围网捕鱼 3 种渔法。使用的渔船一般较小，载重 100～3000 千克。

鸬鹚捕鱼

单独捕鱼

此法最常见。作业前，需用绿绳或稻草在鸬鹚颈部系以活套，也可用金属环套，不让其吞食较大的鱼。可单船捕鱼，也可多船联合作业。到达捕捞水域后，将鸬鹚赶下水捕鱼，渔民不时地用竹篙击水惊吓鱼类游窜，便于鸬鹚发现目标，同时鞭策鸬鹚努力捕鱼。鸬鹚捕到鱼后，即衔出水面游到船边，渔民用竹篙将它引上船，将鱼取下后需喂小鱼或鱼块给予奖励，并再赶它下水捕鱼。每隔 1 小时左右，让它上船休息半小时再下水。每次作业 1～2 小时，每天作业 2～3 次。

结合刺网捕鱼

用刺网将河道、湖泊或水库分隔成几个小区，放鸬鹚捕鱼。刺网可阻拦和刺缠鱼类，还有利于鸬鹚啄捕。此法曾在中国四川金堂等地普遍使用。

结合围网捕鱼

用围网包围鱼类，在包围圈内放下鸬鹚啄捕。中国江西和湖南的长沙、湘阳、浏阳等地普遍使用。

◆ 评价

鸬鹚捕鱼对水域环境要求不高。凡水深不超过其潜水深度，无碍其安全，且鱼类多少的场所均可作业。以清水，水深 3 ～ 7 米为好。可常年进行，冬季（除下雪外）捕鱼效果比夏季好。主要在白天作业，也有在晚上利用灯光诱集鱼类后下水捕鱼。平均 1 只鸬鹚每天可捕鱼 4 千克，一年约捕鱼 500 千克。有经验的鸬鹚可合作衔出几千克的大鱼。每小时可捕获 150 尾鱼。

每只鸬鹚不仅捕获大鱼后需喂小鱼，每天尚需喂食 800 ～ 1500 克小鱼，年食鱼量 200 千克以上，况且捕鱼过程中直接咬伤鱼类，严重损害渔业资源；鸬鹚还是鱼类寄生虫宿主，通过摄食和排泄传播疾病；理应予以禁止。考虑到改造该捕鱼方法的实际困难，1987 年 10 月发布的《中华人民共和国渔业法实施细则》中规定了未经批准从事该捕捞作业的处罚。是否禁止，由各地（省、自治区、直辖市）按实际情况处置。在农业部 1995 年发布、2004 年修订的《长江渔业资源管理规定》中，禁止使用鱼鹰捕鱼。福建省海洋与渔业局于 2006 年 10 月 12 日发布通告予以禁止。截至 2021 年，仅限于有关风景区作为旅游观光内容，如中国桂林、江西龙虎山、山东微山湖等地。日本岐阜长良川的鸬鹚捕鱼民俗活动于每年 5 月中旬至 10 月中旬举行。

瞄准捕捞

瞄准捕捞是利用各种探鱼设备和网具监测仪器准确判断捕捞对象所在空间位置后进行的主动性捕捞方法。通常指中层拖网的捕捞过程，较广泛适用于围网和中层拖网捕捞。瞄准捕捞亦是部分深海底拖网作业的关键技术，如在海山区域捕捞贴近海底聚集的大西洋胸棘鲷等，是提高捕捞效率的一种有效措施。

瞄准捕捞最早应用于围网。中国明代已有在有环双船围网捕捞中，通过人工瞭望侦察鱼群捕捞集群性上层鱼类的记载。在中国南海还用带钩的标枪系绳索捕鲸。20 世纪 40 年代末，瞄准捕捞在双船中层拖网和双船变水层拖网中试验成功。1950 年，挪威调查船"G.O. 萨尔斯"号使用水平声呐探鱼获得成功，提升了实时跟踪和掌控鱼类行为的能力。50 年代末，中层拖网渔船使用声学测深仪，特别是 60 年代初开发的网位仪，一般在船舶驾驶台的显示屏上可显示拖网上、下纲离水面的距离及网口的垂直张开高度，就有可能结合探鱼仪获得的鱼群映像信息，调整网位至鱼群栖息水层。1965 年，在挪威外海作业的中层拖网开始使用渔用声呐，鲱鱼渔获量最高日产达 34.5 吨，证实了渔用声呐在瞄准捕捞中的重要性。此后，

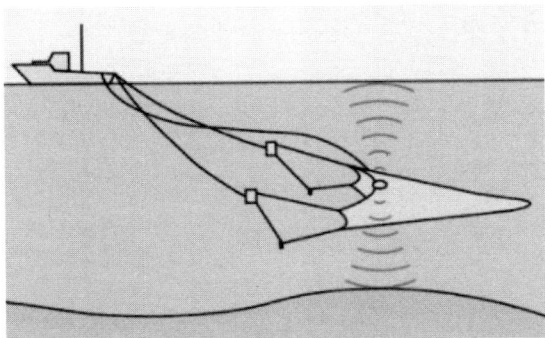

瞄准捕捞作业示意图

从事中层拖网瞄准作业的渔船大多装配了渔用声呐和网位仪，提高了渔获效率。50年代，中国开始从事单船中层拖网作业，瞄准捕捞获得成功，但因中国沿海中上层鱼类资源不稳定，瞄准捕捞未正式投入生产。1985年开始，中国先后引进大型尾滑道加工拖网渔船，开始了远洋中层拖网瞄准捕捞作业，在捕捞北太平洋狭鳕、东南太平洋智利竹笑鱼和南极磷虾等方面均获得较好成绩。

进行瞄准捕捞首先要知道鱼群和网的位置，并对网具作业水层进行调整。渔用声呐和网位仪等先进声学仪器已是中层拖网渔船实现瞄准捕捞的基本配置。中层拖网只有在船上的水平声呐、回声测深仪以及固接在拖网上纲的网位仪的帮助下，才可更有效地操作网具，实现瞄准捕捞。

准确地调节和控制网位（拖网浮子纲中点到水面的距离），把网口对准鱼群的密集中心是瞄准捕捞成败的关键技术之一。改变拖网速度、拖网曳纲放出长度和增减网具浮力和沉力等均能影响拖网的网位。生产实践中最常用的调整措施是改变曳纲长度和拖速。

瞄准捕捞现已在围网渔业、变水层拖网渔业中普遍使用，极大地提升了捕捞效率，促进了渔业的发展。

第 3 章

渔场

渔场是天然水体中鱼、虾、蟹、贝等海产经济动物分布比较集中，具有捕捞开发价值的水域。中国内陆水域的水产养殖基地也称为"渔场"。此处的渔场专指海洋渔场。

◆ 形成要素与特点

形成渔场要具备3个基本条件：①有大量鱼群洄游经过或集群栖息。②有适宜鱼类集群和栖息的生物和非生物环境条件。③有适合的渔具、渔法。

渔场具有动态变化的特性，随着环境条件、生态系统的变化，或者捕捞强度过大等，原有渔场会消失或变迁；或因新捕捞对象的发现、捕捞技术水平的提高，以及捕捞对象利用价值的发现等，新渔场将得到开发。

◆ 类型

根据捕捞生产与管理的需要，可将渔场按照离渔业基地的远近、水深、地理位置、海洋学条件、鱼类不同生活阶段的栖息分布、捕捞对象和作业方式等进行划分。

根据离渔业基地的远近和渔场水深可分为：①沿岸渔场。一般分布在靠近海岸、水深在 30 米以浅的渔场。②近海渔场。一般分布在离岸不远、水深在 30 ～ 100 米的渔场。③外海渔场。一般分布在离岸较远、水深在 100 ～ 200 米的渔场。④深海渔场。分布在水深 200 米以深水域的渔场。⑤远洋渔场。分布在超出大陆架范围的大洋水域，或离本国基地甚远且跨越大洋在另一大陆架水域作业的渔场。

根据地理位置的不同，渔场可分为：①港湾渔场。分布在近陆地的港湾内渔场。②河口渔场。分布在江河入海口附近的渔场。③大陆架渔场。分布在大陆架范围内的渔场。④礁堆渔场。分布在海洋礁堆附近的渔场。⑤极地渔场。分布在两极海域圈之内的渔场。⑥按具体地理名称命名的渔场。如舟山渔场等。

根据海洋学条件的不同，渔场可分为：①流界渔场。分布在两种不同水系交汇区附近的渔场。②上升流渔场。分布在上升流水域的渔场。③涡流渔场。分布在涡流附近水域的渔场。

根据鱼类不同生活阶段的栖息分布，可分为产卵渔场、索饵渔场和越冬渔场。

根据作业方式的不同，可分为拖网渔场、围网渔场、刺网渔场、钓渔具渔场和定置渔具渔场等。

根据捕捞对象的不同，可分为带鱼渔场、大黄鱼渔场、金枪鱼渔场和柔鱼渔场等。

渔场还可根据地理位置（作业海域）、捕捞对象和作业方式等综合因素划分，如北太平洋柔鱼钓渔场，指在北太平洋利用钓捕作业方式进行捕捞柔鱼的海域。

海洋中海域营养盐类充足、初级生产力高、饵料生物丰富的区域，大都是鱼类等海产动物繁殖栖息的良好场所，往往能够形成优良渔场。通常，上升流渔场、流界渔场、涡流渔场、大陆架渔场和礁堆渔场等均属优良渔场之列。但在某一海域，既有可能属于大陆架渔场，也有可能属于流界渔场、涡流渔场或礁堆渔场。

◆ **中国主要渔场**

中国周边的渤海、黄海、东海和南海，海域辽阔，河口、港湾、岛屿众多，有适合多种水产经济动物繁殖生长、索饵繁育和越冬的良好渔场。在渤海有辽东湾渔场、滦河口渔场、渤海湾渔场和莱州湾渔场，在黄海有海洋岛渔场、海东渔场、烟威渔场、威东渔场、石岛渔场、石东渔场、青海渔场、海州湾渔场、连青石渔场、连东渔场和吕泗渔场，在东海有大沙渔场、沙外渔场、长江口渔场、舟山渔场、江外渔场、舟外渔场、鱼山渔场、温台渔场、鱼外渔场、温外渔场、闽东渔场、闽中渔场、台北渔场、闽外渔场、闽南渔场、台湾浅滩渔场和台东渔场，在南海有台湾南部渔场、粤东渔场、东沙渔场、珠江口渔场、粤西渔场、海南岛东北部渔场、海南岛东南部渔场、北部湾北部渔场、北部湾南部渔场、海南岛西南部渔场、中沙东部渔场、西中沙渔场、西沙西部渔场、南沙东北部渔场、南沙西北部渔场、南沙中北部渔场、南沙东部渔场、南沙中部渔场、南沙中南部渔场、南沙南部渔场、南沙西部渔场、南沙中西部渔场和南沙西南部渔场。

◆ 世界主要渔场

世界重要渔场大多分布在不同水系交界的流隔海域。主要有黑潮和亲潮交汇形成的北海道渔场、秘鲁沿岸上升流形成的秘鲁渔场、巴西暖流和福克兰海流交汇形成的阿根廷渔场、拉布拉多寒流和墨西哥湾暖流交汇形成的纽芬兰渔场、澳大利亚海流与西风漂流交汇形成的澳新渔场、北大西洋暖流与东格陵兰寒流交汇形成的北海渔场等。

◆ 渔业资源概况

掌握渔场及其形成机制，对于提高生产效率、实现高产稳产具有重要意义。20世纪70年代以来，由于过度捕捞、围海造地、海洋石油开发、环境污染等，中国周边海域的渔场发生了很大变化，有的渔场遭到破坏，资源明显衰退。为此，中国政府已采取压缩捕捞强度、实施伏季休渔、开展人工增殖放流、投放人工鱼礁等一系列措施，进行渔场管理、养护渔业资源，已取得一定成效。

上升流渔场

上升流渔场是指底层水向上涌升而形成的渔场。具有上升流的海域是世界海洋相对比较肥沃的海域之一，其面积虽只占全世界海洋总面积的千分之一，但其渔获量约占世界海洋总渔获量的一半。

1906年，A.那塔松通过对大量的渔业生产资料及其实践的研究，首先提出"上升流水域一般生产力高，因而形成优良渔场"的论断，称为那塔松法则。

上升流渔场形成的主要原因有：①海洋上层浮游植物光合作用较强，海水中含有的营养盐类（磷酸盐、硝酸盐等）被消耗，现存量逐渐减少。相反，在海洋的深层和海底的沉积物中，累积丰富的营养物质，通过海水上升运动的上升流，将其引向海水表层。②在上升流区，下层冷水上升，水温有所下降，盐度增加，营养盐不断补充丰富。因此，可形成生产力高、饵料生物丰富的良好渔场。如印度洋的索马里海区到阿曼湾海域，初级生产力可达每天 5 克碳 / 米^2，秘鲁海区的生产力也很高。

上升流渔场一般分为 4 类：①大陆沿岸盛行风引起的风成上升流渔场。主要有北美大陆西岸近海的加利福尼亚海流、南美西岸近海的秘鲁海流、非洲西北沿岸近海的加那利海流和非洲西南近海的本格拉海流。②两流交汇区和外洋海域辐散引起的一般上升流渔场。主要分布于南、北赤道流的边缘附近。③逆时针（北半球、南半球相反）环流诱发而产生的上升流渔场。如哥斯达黎加冷水区，其周边海域是金枪鱼、茎柔鱼等种类的重要渔场。④岛屿、突入于海中的海角（岬）、礁或海山等特殊地形形成的局部上升流渔场。

流界渔场

流界渔场是指在两种不同水系交汇区附近海域的渔场。又称流隔渔场。

两种显著不同性质的水团、水系或海流交汇处的不连续面称为流界。其两侧的水温、盐度、溶解氧、营养盐等海洋学要素以及生物群体的质和量都发生剧烈变化，尤其是在寒、暖流的交汇区，海洋学各要素的变化更为显著，出现饵料生物和鱼类等群体大量汇合，有利于生物群体的繁殖、生长和聚集，从而形成了良好的渔场。

流界渔场形成的主要原因：①流界区辐散和逆时针涡流将底层营养盐类和有机碎屑带到上层，给鱼类等饵料生物以丰富的营养物质。②不同水系的浮游生物和鱼类在流界区遇到温度和盐度的梯度"障壁"而不能逾越，因此均集群于流界各侧附近。③流界区两种不同水系带来综合饵料生物群，为鱼虾类提供了一种水系所不能独有的饵料条件。

典型流界渔场有西北太平洋亲潮和黑潮交汇区，盛产柔鱼和秋刀鱼。

涡流渔场

涡流渔场是指分布在涡流附近海域的渔场。

在不同温度、盐度水系构成的流界水域，或在岛、礁等处的不规则地形均会产生涡流。各种涡流都会引起上下水层的混合，从而促进饵料生物的大量繁殖，形成鱼虾类的良好索饵场。

涡流渔场可分为：①在流界附近海域因力学原因产生的力学涡流系渔场。②在岛屿和海礁等海域因地形因素形成的地形涡流系渔场。③因力学、地形两种因素共同作用产生的复合涡流系渔场。此渔场内涡流产生流向不稳定，捕捞作业时若处理不当，易造成生产事故。

典型涡流渔场有南极海南乔治岛附近的地形涡流系渔场，盛产鲸类；对马海峡附近海域复合涡流系渔场，盛产沙丁鱼类、鲐鱼类等。

本书编著者名单

编著者 （按姓氏笔画排列）

于本楷	王克忠	卢伙胜	乐美龙
冯波	冯春雷	邢彬彬	朱清澄
仲霞铭	任为公	庄申	刘必林
刘其根	汤建华	汤晓鸿	许传才
许柳雄	孙中之	孙满昌	邹晓荣
宋伟华	宋利明	张勋	张洪亮
陈仲侯	陈志海	陈新军	周应祺
唐衍力	黄六一	黄洪亮	黄锡昌
梁建生	梁振林	虞聪达	臧迎亮
戴天元			